温室 + 拱棚嫁接育苗

工厂化育苗

优化日光温室

大棚多层覆盖栽培

通风口覆盖防虫网

小拱棚栽培

日光温室 + 地膜覆盖栽培

日光温室二层幕、反光膜、地膜覆盖栽培

设施栽培行间覆盖玉米秸秆

日光温室黄瓜生长状

黄瓜徒长苗

黄瓜低温危害

黄瓜高温干旱危害

缺水造成黄瓜节间缩短、花打顶

化肥施用过量烧苗

黄瓜化瓜

黄瓜尖嘴瓜

黄瓜弯瓜

黄瓜叶片皱缩症（缺硼）

黄瓜 1 叶多瓜

黄瓜枯萎病危害状

黄瓜霜霉病危害状

黄瓜靶斑病危害状

黄瓜根结线虫病危害状

黄瓜栽培关键技术与疑难问题解答

主 编
戴素英 曹岩坡
编著者
戴素英 曹岩坡 代 鹏
岳晓历 要荣慈

金盾出版社

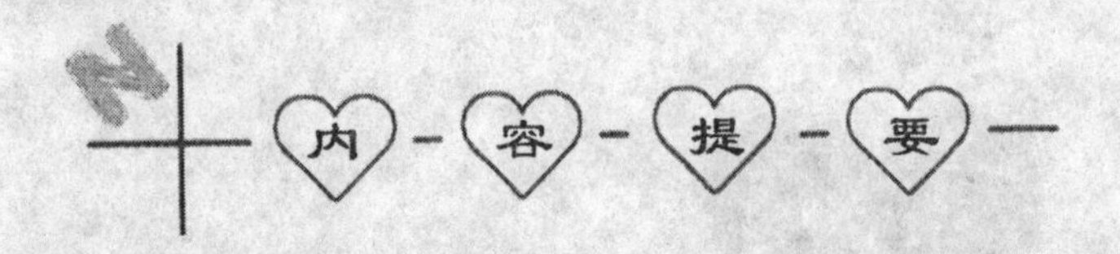

本书由河北省农林科学院专家戴素英和曹岩坡主编。全书以问答的形式，对黄瓜栽培关键技术与生产中存在的疑难问题进行了解答。内容包括：黄瓜品种选择，黄瓜育苗，露地黄瓜栽培，塑料拱棚黄瓜栽培，日光温室黄瓜栽培，黄瓜病虫害防治等。本书内容全面系统，技术科学实用，文字通俗易懂，适合广大黄瓜种植者、基层农业技术推广人员及农业院校相关专业师生阅读参考。

图书在版编目(CIP)数据

黄瓜栽培关键技术与疑难问题解答/戴素英，黄岩坡主编．—北京：金盾出版社，2016.4(2019.3重印)

ISBN 978-7-5186-0642-9

Ⅰ.①黄… Ⅱ.①戴…②曹… Ⅲ.①黄瓜—蔬菜园艺—问题解答 Ⅳ.①S642.2-44

中国版本图书馆CIP数据核字(2015)第273089号

金盾出版社出版、总发行

北京太平路5号(地铁万寿路站往南)

邮政编码:100036 电话:68214039 83219215

传真:68276683 网址:www.jdcbs.cn

北京军迪印刷有限责任公司印刷、装订

各地新华书店经销

开本:850×1168 1/32 印张:4.875 彩页:4 字数:86千字

2019年3月第1版第3次印刷

印数:7 001～10 000册 定价:15.00元

目 录

一、黄瓜品种选择 …………………………………………… (1)
(一)关键技术……………………………………………… (1)
1. 黄瓜优良品种有哪些? ……………………………… (1)
2. 何为唐山秋瓜? 主要有哪些品种? ………………… (7)
3. 水果型黄瓜优良品种有哪些? ……………………… (8)
(二)疑难问题 …………………………………………… (10)
1. 黄瓜周年生产怎样科学安排栽培茬口? …………… (10)
2. 不同栽培方式、不同茬口安排怎样选择品种? …… (10)
二、黄瓜育苗……………………………………………… (12)
(一)关键技术 …………………………………………… (12)
1. 黄瓜育苗的意义是什么? …………………………… (12)
2. 黄瓜育苗的主要方式有哪些? ……………………… (12)
3. 黄瓜壮苗的标准是什么? …………………………… (13)
4. 培育黄瓜壮苗应掌握哪几个技术环节? …………… (13)
5. 怎样确定黄瓜育苗的播种时间? …………………… (13)
6. 怎样配制育苗床土? ………………………………… (14)
7. 怎样进行育苗床土的消毒处理? …………………… (15)
8. 怎样进行黄瓜种子筛选? …………………………… (16)
9. 怎样进行黄瓜种子消毒处理? ……………………… (16)
10. 怎样进行黄瓜种子浸种催芽? …………………… (17)
11. 黄瓜苗期怎样进行温度管理? …………………… (17)
12. 春黄瓜育苗为防止幼苗徒长应怎样进行通风? … (18)

13. 冬季黄瓜育苗为什么要进行低温处理？其方法有哪些？ ………………………………… (19)
14. 冬季育苗采用电热温床有何优点？ ……………… (20)
15. 黄瓜电热温床育苗应如何设置苗床？ …………… (20)
16. 黄瓜营养钵育苗有何优点？ ……………………… (21)
17. 黄瓜营养钵育苗怎样进行播种？ ………………… (21)
18. 怎样防治黄瓜苗戴帽出土？ ……………………… (21)
19. 黄瓜穴盘育苗有何优点？ ………………………… (22)
20. 黄瓜穴盘育苗如何选择基质？ …………………… (22)
21. 黄瓜穴盘育苗基质怎样配比？ …………………… (23)
22. 黄瓜为什么要进行嫁接育苗？ …………………… (23)
23. 黄瓜嫁接育苗怎样选择砧木和接穗？ …………… (24)
24. 黄瓜嫁接优良砧木品种有哪些？ ………………… (24)
25. 黄瓜嫁接育苗接穗和砧木的播种方法是什么？ … (25)
26. 黄瓜嫁接育苗方法有哪些？ ……………………… (26)
27. 黄瓜嫁接后如何进行苗期管理？ ………………… (27)
28. 何为工厂化育苗？ ………………………………… (28)
29. 黄瓜工厂化育苗应怎样选择品种？ ……………… (28)
30. 黄瓜工厂化育苗应选用什么容器和基质？ ……… (29)
31. 怎样进行育苗基质和育苗设施消毒处理？ ……… (29)
32. 怎样进行黄瓜种子发芽试验？ …………………… (30)
33. 怎样对黄瓜播种室和催芽室进行管理？ ………… (30)
34. 黄瓜工厂化育苗是否采用嫁接技术？ …………… (30)
35. 黄瓜工厂化育苗应怎样进行苗期管理？ ………… (30)
(二)疑难问题 ……………………………………………… (32)
1. 如何提高黄瓜嫁接苗的质量？ ……………………… (32)
2. 黄瓜冬春季育苗遇连阴寒流天气怎样进行苗床管理？ ……………………………………… (33)

3. 黄瓜育苗期怎样正确使用乙烯利促进雌花分化？ …… (34)
三、露地黄瓜栽培 …… (35)
(一)关键技术 …… (35)
1. 露地黄瓜有哪几种栽培方式？ …… (35)
2. 露地春茬黄瓜的栽培季节和主要特点是什么？ …… (35)
3. 露地春茬黄瓜栽培宜选用什么品种？怎样确定定植期？ …… (36)
4. 露地春黄瓜定植前为什么要进行秧苗锻炼？其方法是什么？ …… (36)
5. 春露地早熟黄瓜怎样进行整地做畦和定植？ …… (37)
6. 春露地早熟黄瓜定植后怎样进行管理？ …… (38)
7. 春露地黄瓜定植后怎样进行施肥和浇水？ …… (38)
8. 春露地黄瓜怎样进行搭架及整枝绑蔓？ …… (40)
9. 春露地黄瓜采收期应注意哪些问题？ …… (41)
10. 露地夏黄瓜的栽培特点是什么？适宜品种有哪些？ …… (41)
11. 露地夏黄瓜如何进行整地与播种？ …… (42)
12. 露地夏黄瓜怎样进行苗期管理？ …… (42)
13. 露地夏黄瓜高温多雨季节如何进行肥水管理？ …… (42)
14. 露地夏黄瓜怎样进行植株调整？ …… (43)
15. 露地秋黄瓜的适宜播种期和品种是什么？ …… (43)
16. 露地秋黄瓜如何进行肥水管理？ …… (43)
(二)疑难问题 …… (44)
1. 露地春黄瓜高产高效栽培关键技术是什么？ …… (44)
2. 露地夏秋黄瓜高温多雨季节管理技术要点是什么？ …… (45)
四、塑料拱棚黄瓜栽培 …… (46)
(一)关键技术 …… (46)

1. 塑料拱棚黄瓜栽培模式有哪些? …………………… (46)
2. 小拱棚春早熟黄瓜栽培有哪些特点? ……………… (46)
3. 小拱棚春早熟黄瓜栽培技术要点是什么? ………… (47)
4. 大棚黄瓜早春栽培应选择什么品种? 怎样确定育苗适期? …………………………………………… (48)
5. 大棚黄瓜早春栽培育苗技术要点是什么? ………… (48)
6. 早春茬大棚黄瓜什么时间扣棚和定植为好? ……… (49)
7. 早春茬大棚黄瓜栽培怎样进行整地施基肥? ……… (50)
8. 早春茬大棚黄瓜的定植密度及方法是什么? ……… (50)
9. 早春茬大棚黄瓜定植后怎样进行田间管理? ……… (51)
10. 大棚黄瓜秋延后栽培有何特点? 适用品种有哪些? ………………………………………………… (53)
11. 大棚黄瓜秋延后栽培怎样确定适宜播种期? …… (54)
12. 大棚黄瓜秋延后栽培怎样进行整地施基肥? …… (54)
13. 大棚黄瓜秋延后栽培种植前怎样清洁田园和灭菌? ………………………………………………… (55)
14. 大棚黄瓜秋延后栽培怎样进行播种? …………… (55)
15. 大棚黄瓜秋延后栽培怎样进行田间管理? ……… (56)
(二)疑难问题 ………………………………………………… (57)
1. 保护地黄瓜栽培应选用哪种塑料薄膜? ………… (57)
2. 大棚黄瓜早春栽培的关键技术是什么? ………… (58)
3. 大棚黄瓜早春栽培定植后连续低温对秧苗的危害及防寒措施是什么? …………………… (58)
4. 大棚黄瓜早春茬定植后连续阴雨雪天气怎样管理? ……………………………………………… (59)
5. 大棚黄瓜秋延后栽培瓜码稀、节位高的原因和防治方法是什么? ……………………………… (60)

五、日光温室黄瓜栽培 ………………………………………… (61)
(一)关键技术 ……………………………………………… (61)
1. 什么是日光温室？什么是高效节能日光温室？…… (61)
2. 日光温室黄瓜栽培的主要茬口有哪些？……………… (61)
3. 日光温室冬春茬黄瓜栽培的特点是什么？………… (62)
4. 日光温室早春茬黄瓜应选择哪些品种？怎样确定适播期？……………………………………… (62)
5. 日光温室冬春茬黄瓜定植前如何进行整地施基肥？…………………………………………… (63)
6. 怎样确定日光温室冬春茬黄瓜的定植期？定植时应注意哪些问题？…………………………… (64)
7. 日光温室冬春茬黄瓜定植后怎样进行苗期管理？…………………………………………… (64)
8. 日光温室冬春茬黄瓜怎样进行吊蔓？……………… (65)
9. 日光温室冬春茬黄瓜怎样进行水分管理？………… (65)
10. 日光温室冬春茬黄瓜怎样进行植株调整？ ……… (66)
11. 日光温室黄瓜落蔓需注意哪些问题？ …………… (66)
12. 日光温室冬春茬黄瓜结瓜期怎样进行管理？ …… (67)
13. 怎样判断黄瓜生长发育状况是否正常？………… (68)
14. 日光温室秋冬茬黄瓜的栽培特点是什么？宜选择哪些品种？ …………………………………… (69)
15. 提高日光温室秋冬茬黄瓜瓜码密度和降低结瓜节位的方法是什么？ ………………………… (69)
16. 日光温室秋冬茬黄瓜定植前如何整地施基肥？ … (70)
17. 日光温室秋冬茬黄瓜定植前如何进行棚室消毒处理？ ………………………………………… (70)
18. 日光温室秋冬茬黄瓜定植方法和应注意的问题是什么？ ……………………………………… (71)

19. 日光温室秋冬茬黄瓜定植后怎样进行田间管理? …… (71)
20. 日光温室越冬茬(一年一大茬)黄瓜的栽培特点是什么? …… (73)
21. 日光温室越冬茬黄瓜栽培应具备哪些基本条件? …… (74)
22. 日光温室越冬茬黄瓜栽培宜选择什么品种?怎样确定育苗播种期? …… (74)
23. 日光温室越冬茬黄瓜定植前应做好哪些准备? …… (75)
24. 日光温室越冬茬黄瓜的定植方法及注意事项是什么? …… (76)
25. 日光温室越冬茬黄瓜定植后怎样进行田间管理? …… (76)
(二)疑难问题 …… (80)
1. 影响日光温室采光的因素及提高采光性能的方法是什么? …… (80)
2. 影响温室保温的因素及提高保温性能的方法是什么? …… (81)
3. 影响冬季保护地黄瓜高产的因素及应注意的问题是什么? …… (82)
4. 日光温室越冬茬黄瓜低温障碍的原因及危害症状是什么? …… (84)
5. 日光温室越冬茬黄瓜对低温伤害的预防和补救措施有哪些? …… (85)
六、黄瓜病虫害防治 …… (87)
(一)关键技术 …… (87)
1. 黄瓜猝倒病的危害特点及防治方法是什么? …… (87)
2. 黄瓜立枯病的危害特点及防治方法是什么? …… (88)
3. 黄瓜腐霉根腐病的危害特点及防治方法是什么? …… (89)

4. 黄瓜霜霉病的危害特点及防治方法是什么？ ……… (89)
5. 黄瓜枯萎病的危害特点及防治方法是什么？ ……… (92)
6. 黄瓜细菌性角斑病的危害特点及防治方法是什么？ ……… (93)
7. 黄瓜灰霉病的危害特点及防治方法是什么？ ……… (94)
8. 黄瓜根结线虫病的危害特点及防治方法是什么？ ……… (96)
9. 黄瓜靶斑病的危害特点及防治方法是什么？ ……… (98)
10. 黄瓜蔓枯病的危害特点及防治方法是什么？ …… (100)
11. 黄瓜疫病的危害特点及防治方法是什么？ ……… (101)
12. 嫁接黄瓜根腐病的危害特点及防治方法是什么？ ……… (103)
13. 黄瓜炭疽病的危害特点及防治方法是什么？ …… (104)
14. 黄瓜病毒病的危害特点及防治方法是什么？ …… (106)
15. 黄瓜黑星病的危害特点及防治方法是什么？ …… (108)
16. 黄瓜白粉病的危害特点及防治方法是什么？…… (110)
17. 黄瓜菌核病的危害特点及防治方法是什么？ …… (111)
18. 冬春季黄瓜育苗常见的生理障碍有哪些？如何防治？ ……… (112)
19. 棚室黄瓜栽培怎样预防氨气中毒？ ……… (114)
20. 棚室黄瓜栽培怎样预防亚硫酸气体中毒？ ……… (115)
21. 黄瓜栽培怎样预防塑料薄膜挥发气体中毒？ …… (115)
22. 为什么黄瓜与番茄不能同棚栽培？ ……… (115)
23. 黄瓜植株急速萎蔫的原因及预防措施是什么？ …… (116)
24. 黄瓜泡泡病的危害特点及防治方法是什么？ …… (117)
25. 黄瓜植株坐不住瓜是什么原因？ ……… (118)
26. 黄瓜化瓜的原因及防治措施是什么？ ……… (118)
27. 黄瓜尖头瓜的形成原因及预防措施是什么？ …… (118)

28. 黄瓜短形瓜的形成原因及预防措施是什么？ …… (119)
29. 黄瓜蜂腰瓜的形成原因及预防措施是什么？ …… (119)
30. 黄瓜粉白瓜的形成原因及预防措施是什么？ …… (120)
31. 黄瓜畸形瓜的形成原因及预防措施是什么？ …… (120)
32. 黄瓜苦味瓜的形成原因及预防措施是什么？ …… (120)
33. 黄瓜“花打顶”发生的原因及防治方法是什么？ …… (121)
34. 黄瓜低温障碍有哪些？其防治措施是什么？ …… (121)
35. 黄瓜高温危害的防治措施是什么？ …………… (123)
36. 黄瓜叶焦边的原因及防治措施是什么？ ………… (123)
37. 黄瓜肥害的发生原因及预防措施是什么？ ……… (124)
38. 蛴螬的危害特点及防治方法是什么？ …………… (124)
39. 蝼蛄的危害特点及防治方法是什么？ …………… (125)
40. 小地老虎的危害特点及防治方法是什么？ ……… (126)
41. 温室白粉虱的危害特点及防治方法是什么？ …… (127)
42. 瓜蚜的危害特点及防治方法是什么？ …………… (127)
43. 美洲斑潜蝇的危害特点及防治方法是什么？ …… (128)
44. 朱砂叶螨的危害特点及防治方法是什么？ ……… (129)
45. 茶黄螨的危害特点及防治方法是什么？ ………… (130)
46. 瓜实蝇的危害特点及防治方法是什么？ ………… (130)
(二)疑难问题 ……………………………………… (133)
1. 黄瓜病虫害无公害防治原则是什么？ …………… (133)
2. 黄瓜缺素症的诊断与防治对策是什么？ ………… (133)
3. 保护地土壤次生盐渍化的危害特点及防治措施是什么？ ……………………………… (137)
4. 怎样通过田间观察判断黄瓜栽培管理措施是否得当？ ………………………………… (138)

一、黄瓜品种选择

(一)关键技术

1. 黄瓜优良品种有哪些?

(1)冀杂1号　河北省农林科学院经济作物研究所选育。较耐低温,早熟,第一雌花着生于3～4节,春大棚种植前期产量高、上市早。抗病性强,抗霜霉病、白粉病、细菌性角斑病,耐枯萎病,生长势强。秧蔓节间短,瓜码密,节成性好。有的叶节同时结2个瓜,结瓜盛期1株上可同时挂瓜3～4条,每667米^{2}产量5 000～7 000千克。瓜秧生长后劲足,拉秧晚。瓜条顺直,瓜长30厘米左右,横径3.5厘米左右,单瓜重180～210克。瓜把短,瓜皮深绿色,密瘤白刺,瓜瓤淡绿色,味甜,品质优良,深受市场欢迎。由于早熟早上市,早期产量高,前期售价较高,而且商品品质好,市场畅销,经济效益好。适应性强,适合塑料大棚、中小棚春提早及露地栽培。

(2)冀杂2号　河北省农林科学院经济作物研究所选育。植株生长势强,早熟,主蔓结瓜为主。抗霜霉病、枯萎病和灰霉病,中抗白粉病,耐低温弱光,生长后期可耐受35℃～36℃的高温。瓜条顺直,刺瘤明显,光泽度

好，口感脆甜，品质佳，畸形瓜率低，单瓜重 210 克左右。适应性强，不易早衰，持续结瓜能力强，适宜长季节栽培。越冬栽培每 667 米^2 产量 10 000 千克以上，早春栽培每 667 米^2 产量 7 000 千克以上。

(3)冀春 3 号　河北省农林科学院经济作物研究所选育。生长势较强，主蔓结瓜为主，第一雌花节位 4 节左右，瓜条生长快，坐瓜率高，畸形瓜率低于 15%，口感脆嫩，商品性好，单瓜重约 200 克，每 667 米^2 产量 5 000 千克左右。抗黄瓜霜霉病、白粉病、枯萎病，前期耐低温，后期耐高温，适合春秋大棚种植。

(4)津春 4 号　天津市黄瓜研究所选育。植株生长势强，株高 2～2.4 米，分枝多。主蔓结瓜为主，侧蔓亦有结瓜能力，并有回头瓜。瓜长棒形，瓜色深绿有光泽，白刺、棱瘤明显。瓜条长约 30 厘米，单瓜重约 200 克，腔心小于瓜横径的 1/2，瓜把约为瓜长的1/7。瓜肉厚、质脆，味清香，品质佳。抗霜霉病、白粉病和枯萎病能力强。每 667 米^2 产量 5 500 千克左右，适于我国各地推广。苗期管理以促和控相结合，定植后注意缓苗，每 667 米^2 栽植 3 500～4 000 株。结瓜时植株下部易出现分枝，10 节以下侧枝以打掉为宜；中上部出现分枝后，每一分枝留 1 条瓜，见瓜后留 1～2 叶去尖，以防止瓜秧疯长。注意防治蚜虫。

(5)津春 5 号　天津市黄瓜研究所选育。早熟，春露地栽培第一雌花节位 5 节左右，秋季栽培第一雌花节位 7 节左右。抗霜霉病、白粉病、枯萎病，在多年连茬地有明

显的抗病优势。瓜条深绿色，刺瘤中等，瓜条顺直，瓜长约33厘米，横径约3厘米，口感脆嫩，商品性状好。生长势强，主蔓、侧蔓同时结瓜，每667米^{2}产量4 000～5 000千克。腌制出菜率达56%，是加工、鲜食兼用的优良品种。该品种适合早春小拱棚、春夏露地及秋延后栽培。春露地栽培采用阳畦育苗方式，控制昼夜温差培育壮苗，苗龄30天左右，3叶1心时定植。因主、侧蔓同时结瓜，要保证充足的肥水条件，增施磷、钾肥，每667米^{2}栽植3 500～4 000株。

(6)中农6号　中国农业科学院蔬菜花卉研究所选育。生长势强，主、侧蔓结瓜，第一雌花着生于3～6节，每隔3～5节出现1个雌花。瓜深绿色，无花纹，瘤小、刺密、白刺、无棱，瓜长30～35厘米，横径约3厘米，单瓜重100～150克，瓜把短，品质佳，产品商品性好。抗霜霉病、黄瓜花叶病毒，每667米^{2}产量4 500～5 000千克。适于华北等地春季露地栽培，华北地区3月上旬育苗，苗龄30～35天，苗期不宜蹲苗，4月上旬定植，每667米^{2}栽植3 500～4 000株，侧蔓留2叶1心摘心。苗期喷150～200毫克/升乙烯利溶液，可提高前期的雌花数量，进而提高前期产量。育苗时每667米^{2}用种量150克左右。

(7)中农8号　中国农业科学院蔬菜花卉研究所选育。生长势强，株高2米以上，主、侧蔓结瓜，第一雌花着生于主蔓4～7节，每隔3～5节出现1个雌花。瓜长棒形，皮深绿色，有光泽，无花纹，瘤小刺密，白刺，无棱，瓜长35～40厘米，横径约3厘米，单瓜重120～150克，瓜把

短，质脆，味甜，品质佳，商品性极好。抗霜霉病、白粉病、枯萎病。每 667 米^2 产量 5 000 千克左右。适宜各地露地和保护地秋延后栽培，除鲜食以外，也是加工腌渍的优良品种。北京地区保护地秋延后栽培，7 月下旬至 8 月上旬直播，每 667 米^2 栽植 3 500 株左右；露地栽培 3 月中旬育苗，4 月中下旬定植。该品种应施足基肥，勤追肥，及时采收，满架前打顶，打掉基部的侧蔓，中上部侧蔓留 2 叶 1 心摘心。苗期喷施 150～200 毫克/升乙烯利溶液，可提高前期产量。春季育苗每 667 米^2 用种量约 150 克，秋延后直播每 667 米^2 用种量约 250 克。

(8)春丰　辽宁省沈阳市农业科学院选育。生长势强，无分枝，主蔓高度 2 米以上，第一雌花着生节位 3～4 节，雌花间隔节位 2～3 节，雌花率达 40%，主蔓结瓜，每株结瓜 8～10 个。瓜长棒形，皮深绿色，刺密，白刺，瓜长 30～35 厘米，横径约 4 厘米。早熟种，从播种至采收 58 天左右。较抗霜霉病、枯萎病。每 667 米^2 产量 7 200 千克左右。适于辽宁省沈阳、鞍山及大连等地春露地及小拱棚、大棚种植，应适当早播，沈阳地区 3 月下旬播种；播种过晚，雌花节位上升，雌花数量少。每 667 米^2 栽植 4 000 株左右。

(9)津优 4 号　天津市黄瓜研究所选育。株型紧凑，生长势强，主蔓结瓜为主，雌花率 40%左右，回头瓜多，侧蔓结瓜后自封顶，较适于密植。耐热性好，在 32℃～34℃高温条件下生长正常。商品性好，瓜条顺直，瓜长约 35 厘米，瓜皮深绿色，有光泽，刺瘤明显，白刺，单瓜重约 200

克，每 667 米^2 产量 5 500 千克左右，是露地栽培的优良品种。华北地区一般在 3 月下旬至 4 月上旬播种，苗龄30～35 天，每 667 米^2 栽植 3 500 株左右，从播种至始收 60～70 天，采收期 60～70 天，露地直播，宜采用地膜覆盖。丰产潜力大，需要肥水较多，应以促为主，定植前施足基肥，根瓜坐住后及时追肥。采收中后期加大肥水量，并进行叶面追肥。商品瓜要及时采收。

(10)津优 6 号　天津市黄瓜研究所选育。植株生长势强，主蔓结瓜为主，春季栽培第一雌花着生于 4 节左右，雌花节率 50％左右。瓜条顺直，刺稀少、无瘤，有利于清洗并减少农药的残留。商品性好，瓜条长约 30 厘米，单瓜重约 150 克，瓜肉淡绿色，口感好，货架期长，是适合包装和鲜食的优良品种。早熟性好，高产，对枯萎病、霜霉病、白粉病抗性强，适合华北地区春秋露地栽培以及春秋大棚栽培。华北地区栽培，春季 3 月中下旬在阳畦或大棚内播种育苗，4 月下旬至 5 月初定植；秋季 8 月上中旬直播。

(11)津绿 4 号　天津市黄瓜研究所选育。株型紧凑，生长势强，主蔓结瓜为主，雌花节率 40％，回头瓜多，侧枝结瓜后自封顶，较适宜密植。耐热性好，在 34℃～36℃高温条件下生长正常。春露地栽培可延长收获期，秋季栽培可提前播种，能获得较高的产量和经济效益。商品性好，瓜条顺直，瓜长约 35 厘米，瓜皮深绿色，有光泽，刺瘤明显，白刺，单瓜重约 250 克，每 667 米^2 产量 5 500 千克左右。抗枯萎病、霜霉病、白粉病，具有较好的

稳产性能，是露地种植的首选品种。华北地区一般在3月下旬至4月上旬播种，苗龄30～35天，每667米^{2}栽植3 500株左右，早熟性好，从播种至始收60～70天。采收期60～70天。丰产潜力大，需肥量多，应以促为主，定植前施足基肥，根瓜坐住后及时追肥，采收中后期加大肥水量，并进行叶面追肥。商品瓜要及时采收。

(12)津杂3号　天津市黄瓜研究所选育，中早熟品种。第一雌花节位4～6节，植株生长势强，叶片肥大浓绿，主、侧蔓均具有结瓜能力，底部侧蔓生长势强，应及时摘除。瓜条有棱，刺瘤较密，白刺，有黄色条纹，瓜条长约31厘米，商品性好。适合中小棚、地膜覆盖、春露地及秋延后栽培，每667米^{2}产量6 500千克左右。抗病性强，对霜霉病、白粉病、枯萎病、疫病等病害有较强的抗性，在疫病区优势明显，适宜在全国各地种植。

(13)中农19号　中国农业科学院蔬菜花卉研究所选育。生长势、分枝性极强，顶端优势突出，节间短粗。第一雌花始于主蔓1～2节，其后节节为雌花，连续坐瓜能力强。瓜短筒形，瓜色亮绿一致，无花纹，瓜面光滑，易清洗。瓜长15～20厘米，单瓜重约100克，口感脆甜，不含苦味素，富含维生素和矿物质，适宜作水果黄瓜。丰产，日光温室越冬茬栽培每667米^{2}产量可达10 000千克以上。抗枯萎病、黑星病、霜霉病和白粉病等，具有很强的耐低温弱光能力。

(14)津优30号　天津市黄瓜研究所选育。适合日光温室越冬茬和冬春茬栽培的新品种。具有生长势旺盛，耐低温、耐弱光能力极强，早熟、丰产、抗病性好，瓜条性状优良、商品性好的特点。越冬温室栽培，一般在9月下旬播种育苗；冬春茬温室栽培，一般在12月下旬至翌年1月上旬播种育苗。定植前，多施腐熟的有机肥作基肥。嫁接育苗，可进一步提高抗逆性和产量。播种和定植前应对温室进行杀菌和杀虫处理。采用高垄栽培，膜下暗灌，天气转暖后，管理上以促为主，春季4月份后应加强霜霉病防治。

2. 何为唐山秋瓜？主要有哪些品种？

唐山秋瓜为众多唐山秋黄瓜品种的总称，是河北省唐山市的地方特色黄瓜品种。唐山秋瓜品质优良，营养丰富，清香、爽口、质脆，深受广大唐山人民的喜爱。唐山地区栽培秋黄瓜历史悠久，品种资源十分丰富，其中形状短粗的秋瓜占有较大的比例。下面介绍几个主栽品种。

(1)绿玉　唐山市农业科学院选育。植株蔓生，生长势中等，主蔓2～3节着生第一雌花，一般连续2个雌花后，每隔2～3节着生1朵雌花。单株结瓜6～8个，侧蔓生长势弱，主、侧蔓均可结瓜，主蔓结瓜为主。商品瓜长棒形，瓜长18～20厘米，横径4～5厘米，果形指数4～5，瓜肉厚1厘米以上，单瓜重120克左右。瓜白刺，刺瘤中等，商品瓜翠绿色，有光泽，生食质脆清香。早熟性强，从播种至商品瓜第一次采收只需40～50天，全生育期100天左右，抗霜霉病、细菌性角斑病。一般每667米^{2}产量4 000～4 500千克。

(2)绿宝　唐山市农业科学院选育。植株蔓生，生长势强，主、侧蔓均可结瓜，侧蔓少，主蔓结瓜为主，第一雌

花着生于2～4节，以后每1～3节着生1朵雌花。单株结瓜8～10个，瓜条圆筒状，商品瓜长12～14厘米，横径5～6厘米，果形指数2.5～3，2～4心室，单瓜重100克左右，肉厚，脆嫩，口味一般，瓜色亮绿有光泽，刺白色，瘤小少，无畸形瓜，商品性好。适应性强，抗逆性强，可露地种植，也可保护地栽培。株行距25厘米×60厘米，每667米^{2}栽植4 000～4 500株，一般产量3 800千克左右，高的达5 000千克。

(3)绿岛一号　播种至采收45～50天，植株蔓生，分枝性强，主、侧蔓结瓜，主蔓长100～150厘米。生长势中等，叶片浅绿色，结瓜节位低，第一瓜多着生在主蔓的3节。瓜长20～25厘米，横径3～4厘米，单瓜重100～150克，表面刺瘤少，刺黑色，瓜皮草绿色。喜湿，怕涝，不耐旱，适于耕层深厚、土壤疏松透气、富含有机质、营养丰富、保水蓄水的壤土地栽培。每667米^{2}栽植3 500～4 000株，产量4 500千克左右。大棚、露地均可栽培。

(4)新唐山秋瓜　唐山市郊区农家品种。植株生长势中等，株高2.4米左右，分枝性强，叶深绿色，叶大，第一雌花着生在4～6节。瓜长棒形，瓜长24～30厘米，横径3～5厘米，单瓜重约250克。瓜皮绿色，刺瘤密，有光泽，棱不明显，肉质脆嫩，味浓，品质上等。中晚熟品种，秋季生长期90～95天，耐热性强，抗霜霉病和枯萎病，每667米^{2}产量4 500千克左右。适宜夏秋季栽培。

3. 水果型黄瓜优良品种有哪些?

(1)春光2号　中国农业大学选育，全雌性。瓜长

20～22 厘米，瓜皮亮绿色，光滑富有光泽。皮薄，口感脆嫩、甜香，是目前口感较好的水果型黄瓜品种。耐寒性强，不耐高温。

(2)戴安娜　北京北农西甜瓜育种中心选育。生长势旺盛，瓜码密，结瓜数量多。瓜皮墨绿色，微有棱，无刺无瘤。瓜长 14～16 厘米，口感好。抗病性强，适宜在晚秋、冬季和早春季节保护地种植。

(3)拉迪特　荷兰品种。生长势中等，叶片小、淡绿色。适合于早春和秋延后日光温室和大棚栽培。产量高，孤雌生殖，多花性，每节 3～4 个瓜，商品瓜采收长度 12～18 厘米，表面光滑，味道鲜美。抗白粉病和疮痂病。该品种以其高产、优质、瓜形好的特性倍受出口商和高档超市的青睐，市场售价高出同类产品的 20％以上，是菜农增加收入的首选品种。

(4)康德　杂交种，适合于早春、秋延后和越冬茬日光温室栽培的小型黄瓜品种，产量高，每节 1～2 个瓜。瓜长 16～18 厘米，表面光滑，微有棱，味道鲜美，适合于出口。抗白粉病和疮痂病。

(5)夏多星　杂交早熟品种，耐热，适合在夏、秋栽培。生长势中等，每节 1～2 个瓜。瓜长 16～18 厘米，表面光滑稍有棱，味道鲜美。抗黄瓜花叶病毒病、黄脉纹病毒病、疮痂病和白粉病。

(6)戴多星　杂交种，适合在晚秋和早春种植，生产期较长，开展度较大。瓜皮墨绿色，微有棱，瓜长 16～18 厘米，味道好。该品种抗黄瓜花叶病毒病、黄脉纹病毒

病、疮痂病、霜霉病和白粉病，可在露地、大棚和温室栽培。

（二）疑难问题

1. 黄瓜周年生产怎样科学安排栽培茬口？

保护地栽培和露地相配合可实现黄瓜周年生产和周年供应。但无论是露地还是保护地栽培，其茬口安排首先要考虑的是获取较高的经济效益。日光温室、拱棚、露地各栽培模式的茬口安排应使盛瓜期错开，并尽量把盛瓜期安排在春节、国庆节、五一节等期间，争取提早上市。其二要把盛瓜期安排在最适宜的季节，以取得高产高效，减少管理难度和生产成本。例如，节能型日光温室冬季一大茬黄瓜栽培，只看到春节期间黄瓜价格高，而忽视春节前后光照最弱、日照时数最短、温度最低，不利于黄瓜生长发育，往往达不到预期的效益。节能型日光温室若进行一年两茬制生产，即冬春茬和秋冬茬，可以充分利用3～6月份和9～11月份的光热资源，实现高产高效。其三由于日光温室等设施投资很大，为提高设施的利用率，可适当安排间套作种植，避免保护地设施的“夏闲”和“冬闲”的问题。其四要注意与其他蔬菜作物轮作倒茬，以减轻土传病害和土壤次生盐渍化。

2. 不同栽培方式、不同茬口安排怎样选择品种？

生产中应选择以主蔓结瓜为主，株型紧凑，抗病，优

质、高产，商品性好，适合市场需求的品种。但不同季节、不同茬口、不同设施条件和栽培方式对品种的要求也不尽相同。冬春、早春栽培应选择早熟、耐低温弱光、抗多种病害的品种，春夏、夏秋、秋冬、秋延后栽培应选择高抗病毒病、耐热的品种，长季节栽培应选择高抗多种病害、抗逆性好、低温弱光下连续结瓜能力强的越冬茬黄瓜温室专用品种。同时，不同地区应选用不同的适宜品种。

二、黄瓜育苗

(一)关键技术

1. 黄瓜育苗的意义是什么?

育苗的目的是缩短生长发育期,是蔬菜栽培的一个重要环节。通过育苗可以为蔬菜生长增加积温,缩短生育期,提高土地利用率;便于茬口安排;减少种子用量,降低成本;提早成熟,延长采收,增加产量,提高品质和抗性,最终达到增加效益的目的。对于气候条件不适宜蔬菜生长的冬春季,育苗对于蔬菜生产尤显重要。例如,在早春保护地条件下培育黄瓜秧苗,不仅使生长发育期提前,同时也给黄瓜早期阶段创造了促进雌花发育的低温短日照条件,既可降低第一雌花节位,又可提高黄瓜前期的雌、雄花比例,有利于早期获得高产高效益。

2. 黄瓜育苗的主要方式有哪些?

(1)传统育苗　利用阳畦、小暖窖、塑料拱棚及温室育苗,多为一家一户的育苗方式,主要是早春、秋冬寒冷季节为露地、大棚及日光温室黄瓜栽培育苗。可分为冷床育苗和温床育苗,冷床育苗主要是利用太阳能培育秧

苗，是冬、春季为露地栽培的春茬黄瓜育苗。温床育苗是在冷床的基础上，利用酿热物或电热线加温进行育苗。

(2)工厂化育苗　是在现代化设施条件下，人工或自动控制环境条件，充分利用自然资源，采用科学化、标准化的技术措施，运用机械化、自动化的手段，使蔬菜幼苗生产达到快速、优质、高效、成批量而又稳定的一种现代育苗方式。

3. 黄瓜壮苗的标准是什么？

黄瓜壮苗标准：定植时幼苗应具有4～5片真叶，苗龄40～50天，苗高12～15厘米，下胚轴(子叶以下部分)要短(4～6厘米)，茎粗壮，节间短。子叶完整，肥大而厚实，无病虫害。真叶厚实，色稍深且有光泽。根系洁白，根毛发达，发育良好，吸收力强，定植后缓苗和发根快，抗寒性强，雌花多且节位低，早熟和丰产等。

4. 培育黄瓜壮苗应掌握哪几个技术环节？

培育黄瓜壮苗应掌握以下主要技术环节。①床土和种子要进行消毒处理，采用无菌床，使用不带菌种子。②培育壮芽，采用壮芽播种，提高黄瓜耐低温能力和抗逆性，对培育壮苗有着重要作用。③调控温湿度。黄瓜苗期温湿度调控是防止黄瓜幼苗徒长、沤根的关键技术环节，要按照黄瓜生长发育特点、特性进行科学管理。

5. 怎样确定黄瓜育苗的播种时间？

黄瓜育苗期的长短依栽培设施、育苗条件、育苗地域

及品种不同而有较大的差异。北方日光温室和塑料大棚黄瓜早春栽培，采用传统育苗方法育苗期一般需要45～55天幼苗(4～6片真叶)，露地黄瓜栽培育苗期30～35天(幼苗3～4片真叶)；南方阴雨天较多，露地黄瓜育苗期40～45天。穴盘育苗，因营养面积缩小，苗期相应缩短7～10天。另外，一些杂交一代品种与常规品种相比，育苗期要短些。适宜的播种期是由人为确定的定植期减去秧苗的苗龄(育苗期)，向前推算出的日期。生产中应从以下两方面考虑：一是要了解黄瓜品种从播种到始收商品瓜所需要的时间，一般黄瓜品种从始收商品瓜日期到进入盛瓜期需15天左右。所以，从播种到始收商品瓜所需要的时间加上15天，就是从播种到进入盛瓜期所需要的时间。二是参考市场信息推算播种期，把黄瓜盛瓜期按市场上黄瓜刚进入价高且畅销的日期，由此日期往回推算保护地黄瓜各茬适宜的播种期，一般中熟品种比早熟品种要提前10天播种，晚熟品种比早熟品种提前20天播种。

6. 怎样配制育苗床土？

黄瓜属于浅根性蔬菜，喜肥水但又不耐肥水，所以黄瓜育苗营养土必须具备营养成分齐全、质地疏松通透性好、保水能力强、无病虫害的特点。可选择没有种过瓜类的大田土与腐熟的有机肥料，按4∶6或5∶5比例混合，并过筛而成。若土质黏重，则可加入一定量的炉灰、沙子、石灰石等；若肥力不够，则可加入尿素和磷酸二氢钾，一般每立方米营养土加尿素500克左右、磷酸二氢钾300

克左右，充分混匀即可。

7. 怎样进行育苗床土的消毒处理?

（1）密封熏蒸消毒　目的在于防治猝倒病和菌核病。把有熏蒸作用的药剂，加入到苗床土里，然后用薄膜覆盖，使药物气体在土壤中扩散进行杀菌杀虫。1 000 千克床土，用 40%甲醛 200～300 毫升加水 25～30 升喷洒。也可用 50%多菌灵可湿性粉剂 1 000 倍液，按 1 000 千克营养土用药液 50～60 克喷洒。喷药后充分搅拌并堆起来，用塑料薄膜或湿草苫覆盖，闷 2～3 天，即可充分杀菌。去掉覆盖物，经过 1～2 周，让土壤中的药味充分挥发后播种。药味挥发不充分，不能播种，否则影响出苗。

（2）太阳能消毒法　播种前，把苗床翻平整好，用透明吸热薄膜覆盖，晴天土壤温度可升至 50℃～60℃，密闭 15～20 天，可杀死土壤中的多种病菌。

（3）高温发酵消毒　在高温季节将旧床土、圈粪、秸秆分层堆积，每层厚度约 15 厘米，堆底直径 3～5 米，堆高约 2 米，呈馒头形，外面抹一层泥浆或石灰浆，顶部留 1 个口。从开口处倒入稀粪、淘米水等，使堆内充分湿润，以利高温发酵。这种方法能杀死病原菌、虫卵、草籽，使有机肥充分腐熟。春季育苗刨开堆，化冻后过筛备用，既达到了床土消毒的目的，又解决了床土和有机肥的来源。

（4）药土消毒法　可防治瓜类苗期猝倒病和立枯病。配制营养土时，每立方米营养土加入 70%甲基硫菌灵或 50%多菌灵可湿性粉剂 10 克，将 1/3 的药土铺到苗床上，剩余的 2/3 药土均匀覆盖到种子上。每平方米苗床用

2.5%敌百虫粉4～5克加细土0.6～1千克，混合均匀撒入苗床，可以防治蝼蛄、蚯蚓和鼠害。

8. 怎样进行黄瓜种子筛选？

黄瓜种子的好坏直接关系到苗期的生长、产量的高低及品质的优劣，进而影响经济效益。因此，一定要对种子进行筛选，确保种子的纯度和质量。对黄瓜种子进行筛选要做到以下几点。

(1)*品种选择的原则*　一是商品性状应适合当地市场的要求。二是要根据不同的设施类型、栽培茬口和不同栽培地区选择品种。三是要选择有质量保证的种子。要通过正规的渠道购买种子，如果引种本地区没有种过的品种，一定要小面积试种，表现好后再大面积种植。

(2)*选择发芽势强和发芽率高的品种*　黄瓜种子发芽势是指催芽3天内种子的发芽百分数，发芽势强的种子出苗迅速、整齐。发芽率是一定量的种子中发芽种子的百分率，黄瓜一般指催芽7天内种子的发芽百分率，发芽率在90%以上的种子才能符合播种要求。

9. 怎样进行黄瓜种子消毒处理？

黄瓜种子带有枯萎病、炭疽病、立枯病、细菌性角斑病等多种病菌，可通过种子传播病害，因此播种前要进行种子消毒处理。

(1)*温汤浸种法*　将干种子投入50℃～60℃温水中，保持水温10～15分钟，处理过程中要不停地搅拌，然后再降温至28℃～30℃浸种4～6小时，淘洗干净后进行

催芽。

(2)药液处理　用50%多菌灵或70%甲基硫菌灵可湿性粉剂500～600倍液浸种1～2小时，用清水洗后再用清水浸泡4小时，捞出进行催芽。

(3)药剂拌种　将药剂和种子拌一起，药剂和种子必须是干燥的，可用种子重量0.3%的50%多菌灵可湿性粉剂。

(4)干热处理　用70℃高温处理种子3天，可有效防治黄瓜细菌性角斑病和黑星病，不影响种子发芽率。

10. 怎样进行黄瓜种子浸种催芽?

在种子消毒的基础上进行浸种催芽。经过消毒的种子充分吸水膨胀后，捞出清洗1遍，沥去多余水分，用潮湿的纱布包裹即可催芽。黄瓜催芽的适宜温度为29℃～30℃，催芽过程中要经常翻动种子，使种子承受温度均匀，14～16小时便可出芽。当种子露出根尖时温度降至22℃～26℃，待芽出齐即可播种。催芽后若遇有阴天不能及时播种，可用湿毛巾将种子包好，放在阴凉处(10℃左右)，抑制幼芽继续生长，使其蹲芽。利用恒温箱催芽最科学有效，是工厂化育苗普遍采用的催芽方法。

11. 黄瓜苗期怎样进行温度管理?

黄瓜育苗不同季节、不同阶段所需的适宜温度不同，尤其在冬春低温季节育苗温度管理是育苗的关键。一般从播种到出苗需3～4天，应保持较高的床温，5厘米地温不低于12℃～15℃时才能保证出苗；否则，应及时采取加

温措施，争取在5～7天内出齐苗。从出苗到第一片真叶显露（即破心），此期要适当降温，温度过高，尤其是夜温过高，易形成高脚苗。从移苗（或嫁接）到缓苗（或嫁接成活）苗龄8～20天，应扣小拱棚加温，若遇连阴天或寒流天应生炉火加温，促发根缓苗。缓苗（或嫁接成活）后至定植前7～10天，苗龄达40～45天，此期是幼苗发根、长叶、雌花分化的重要时期，应适当降低温度，加大昼夜温差，夜温不低于10℃，促进幼苗正常发育，防止夜温高造成徒长苗。定植前7～10天至定植，苗龄45～55天，为提高黄瓜苗定植后的适应能力和成活率，应进行低温炼苗。黄瓜育苗苗床温度管理指标如表1-1所示。

表1-1　苗床温度管理指标　（℃）

时　期	气　温		地　温	
	昼	夜	昼	夜
播种至出土	25～30	20～25	20～25	20～22
出土至破心	24～25	13～16	17～20	15～18
移苗至缓苗	25～30	17～20	20～25	17～20
缓苗至炼苗	24～25	12～15	18～22	14～17
炼苗至定植	18～20	12～14	17～18	10～12

12. 春黄瓜育苗为防止幼苗徒长应怎样进行通风？

黄瓜育苗的关键是防止幼苗徒长，防止幼苗徒长的关键是控制温度，而调控温度的关键是通风技术。

（1）通顶风　播种后苗床的床面扣小拱棚，棚高约50厘米，当棚内温度高时，通顶风。使苗床中间温度低于四

周，利于秧苗生长整齐一致。

(2)顺风通风　随着外界温度的升高，只靠通顶风苗床温度降不下来时，可在拱棚背风一侧支起薄膜，使苗床内外进行气体交换。

13. 冬季黄瓜育苗为什么要进行低温处理？其方法有哪些？

冬季黄瓜育苗进行低温处理是为了增强幼苗抗寒能力。低温处理方法有种子冰冻处理变温催芽、幼芽低温锻炼和幼苗定植前 7～10 天低温锻炼 3 种。

(1)种子冰冻处理　将浸种后已萌芽而未发芽的种子先在 0℃～2℃条件下预冷，再在－2℃～－1℃条件下(多在冰箱中)低温冰冻处理 24～48 小时，取出后缓慢消冻，然后进行变温催芽。催芽方法：先在 28℃～30℃条件下催芽 20 小时，再在 20℃～18℃条件下催芽 24～36 小时，即可齐芽。经冰冻处理和变温催芽的种子，胚芽的原生质黏性增强，糖分增高，对低温适应性增强，出苗前后对低温、阴雨等不良环境的耐受力提高，第一雌花节位明显降低，可达到早熟的效果。但对黄瓜幼苗地上部的生长速度有减弱作用。注意已发芽的种子不能进行冰冻处理，否则幼芽易受冻害。

(2)幼芽低温锻炼　把催好的种芽用湿毛巾包好，在 2℃～4℃条件下放置 1～2 天，能增强抗寒力。但处理温度不能过高或过低，并防止发生芽干、闷气等问题(严禁用塑料薄膜包裹种芽)。

(3)低温炼苗　定植前 7 天左右进行低温炼苗，可增

强幼苗抗逆能力，以适应定植后温度剧烈变化。方法是定植前7天左右，温室苗床早揭晚盖，增加通风量，夜间温度可降至8℃，并在定植前3天进行短时间的5℃低温处理。生产中应注意低温炼苗时间不能过长，炼苗温度不能过低；否则，易形成老化苗、花打顶苗，或受寒害甚至冻害。

14. 冬季育苗采用电热温床有何优点？

电热温床结合日光温室、改良阳畦、大小棚及近地面覆盖等保护设施，在较寒冷的季节进行育苗，效果很好。电热温床育苗的优点：①可根据需要随时应用，并可长时间持续加温。②使用方便，调节灵敏，可自控温度。③发热迅速，温度均匀。④不通电即作为冷床使用。⑤应用技术简单，投资少，易于生产者掌握。

15. 黄瓜电热温床育苗应如何设置苗床？

在日光温室、大棚内架小拱棚进行电热温床育苗，苗床应置于棚室的中间部位，一般苗床宽120厘米左右、深低于畦面约5厘米，长度可按所需苗数而定，床底要整平。电热温床布设时，床底先铺一层约1厘米厚的稻草，作隔热层，以避免床内热量散失。稻草上再铺一层土，然后布线，一般冬季每平方米苗床需要电功率100瓦(1根800瓦、100米长的电热线可铺8～10米^2)。布线时先准备好2根与苗床宽度相等的木条，固定在苗床两端，木条按布线间距钉上长3.3～5厘米的圆钉，然后按8～9厘米间距将电热线拉紧来回缠绕在圆钉上，注意电热线不能

剪断、不能打结，并检查线路是否畅通。最后在电热线上覆土或麦糠1～2厘米厚，将电热线覆盖严密。

16. 黄瓜营养钵育苗有何优点？

黄瓜营养钵育苗的优点：一是设备简单，可进行工厂化生产，可做到一次投资多年使用（除纸质的）。二是既可以采用营养土育苗，又可采用基质或浇营养液育苗。三是能在任何场地的苗床上使用。四是容易培育壮苗。秧苗质量好，根系发达，定植时不伤根，叶片大而肥厚，植株开展度大，苗齐苗壮，苗龄缩短，定植后缓苗快，利于早熟高产。

17. 黄瓜营养钵育苗怎样进行播种？

黄瓜育苗采用8厘米×10厘米或10厘米×10厘米营养钵，将配制好的营养土装入营养钵后摆入畦床，播种前畦床浇透水，水渗后撒一薄层“翻身”土。每个营养钵播1粒发芽的种子，播种后覆土1～1.5厘米厚，然后覆盖地膜，幼芽拱土时及时撤膜。

18. 怎样防治黄瓜苗戴帽出土？

“戴帽苗”是指种子出苗时没有将种壳留在土内，而是把种壳夹着子叶一起出土，这种子叶带着种壳一起出土的苗叫“戴帽苗”。黄瓜育苗时，经常出现子叶戴帽出土现象。戴帽出土易形成弱苗，影响幼苗光合作用。防治方法：苗床土要细、松、平，播种前要浇足底水；不能播干种子，要进行浸种处理；覆土要用潮土，且厚度要适宜，播

种后覆膜保湿，使种子从发芽到出苗期间保持湿润状态；幼苗刚出土时，如果床土过干要立即用喷壶洒水；发现有覆土太薄的地方可以补撒一层湿润细土；一旦发现戴帽苗出现，要立即摘除。

19. 黄瓜穴盘育苗有何优点？

穴盘是工厂化育苗的重要器具，一般蔬菜育苗穴盘用聚苯乙烯材料制成，标准穴盘规格为 540 毫米×280 毫米，因穴孔直径大小不同，每盘孔穴数在 18～800 之间，黄瓜育苗以 50 孔穴盘为宜。穴孔形状主要有方形和圆形两种，方形穴孔基质容量一般比圆形多 30%左右，水分分布亦较均匀，种苗根系发育更加充分。育苗穴盘的颜色会影响幼苗根部的温度，白色聚苯泡沫盘反光性较好，用于夏季和秋季提早育苗，可减少幼苗根部热量积聚；而冬季和春季育苗选择黑色穴盘，因其吸光性好，对幼苗根系发育有利。黄瓜穴盘育苗的优点：①节省种子用量，降低生产成本。②出苗整齐，保持种苗生长的一致性。③能与各种手动及自动播种机配套使用，便于集中管理，工作效率高。④移栽时不损伤根系，缓苗迅速，成活率高。穴盘育苗是现代园艺最根本的一项变革，为快捷和大批量生产提供了保证。

20. 黄瓜穴盘育苗如何选择基质？

育苗基质是为了更好地创造适宜幼苗发育的根系环境，使秧苗生长迅速、旺盛、整齐一致、根系发达，还可减轻和避免土传病害，实现育苗程序的标准化。同时，可满

足大规模育苗和工厂化育苗、立体育苗的需要，降低苗盘重量和方便运输，方便商品化育苗。穴盘育苗时常采用轻型基质，黄瓜育苗基质材料有珍珠岩、蛭石、草炭土、炉灰渣、沙子、炭化稻壳、炭化玉米芯、发酵好的锯末、甘蔗渣、栽培食用菌废料等，这些基质可以单独使用，也可以几种混合使用。

21. 黄瓜穴盘育苗基质怎样配比？

黄瓜育苗穴盘基质按照草炭、蛭石、珍珠岩 3：1：1 的比例进行配制，也可用 30%左右的蘑菇栽培废料、粉碎的玉米芯、锯末屑等代替草炭。每立方米基质加入 50%多菌灵可湿性粉剂 100 克消毒，以防苗期病害。同时，每立方米基质加入氮、磷、钾含量为 20－10－20 的育苗专用肥 1 千克，或氮、磷、钾含量为 15－15－15 的三元复合肥 1.5 千克，并把 pH 值调节为 5.8～6。

22. 黄瓜为什么要进行嫁接育苗？

保护地栽培黄瓜由于土壤和设施条件的不可移动性，轮作倒茬困难，多年连作黄瓜枯萎病等土传病害会逐年加重，造成死秧和减产。因此，利用南瓜作砧木进行嫁接换根栽培，已成为保护地黄瓜防病增产、改善品质、提高效益的重要措施。南瓜根系耐低温，抗高温，抗枯萎病等土传病害，还能提高黄瓜整体的抗低温能力，而且发达的砧木根系吸水吸肥能力强，能够促进植株生长，提高产量。

23. 黄瓜嫁接育苗怎样选择砧木和接穗？

（1）砧木选择　黄瓜嫁接育苗砧木选择要掌握以下原则：①砧木与接穗的亲和力（包括嫁接亲和力和共生亲和力）较高且较一致。②砧木的抗病能力强，尤其是对镰刀菌枯萎病等土传病害的抵抗力强。③砧木对黄瓜品质有改良而无不良影响。④砧木对不良环境条件的适应能力强。

（2）接穗选择　选择接穗时，首要考虑的是对保护地环境的适应性，一般以耐低温、弱光，早熟性强，品质好，抗叶部病害的丰产品种为最好。

24. 黄瓜嫁接优良砧木品种有哪些？

（1）绿洲天使　河北省农林科学院经济作物研究所与唐山恒丰种业有限公司选育出的黄籽南瓜砧木 F_1 代新品种。种皮淡黄色，籽粒小，发芽率高，千粒重约 90 克，每 667 米^2 用种量 0.5～0.6 千克。绿洲天使对黄瓜枯萎病免疫，嫁接后瓜秧生长协调，瓜条亮绿、味甜，可明显改善瓜条品质，是新兴的黄瓜嫁接专用砧木，适宜日光温室早春茬及大棚黄瓜嫁接应用。

（2）神根　河北省农林科学院经济作物研究所与唐山恒丰种业有限公司选育出的黄籽南瓜砧木 F_1 代新品种。种皮淡黄色，籽粒小，千粒重约 90 克，每 667 米^2 用种量 0.5～0.6 千克。神根对黄瓜枯萎病免疫，嫁接后瓜秧生长协调，瓜条亮绿、味甜，可明显改善瓜条品质，是新兴的黄瓜嫁接专用砧木，适宜日光温室早春茬及大棚黄

瓜嫁接应用。

(3)黑籽南瓜　原为中美洲及印度马拉巴尔海岸野生种，由丝绸之路传入中国，在生态环境相似的云南繁衍，是我国保护地黄瓜生产中应用多年的砧木品种，由于种皮黑色故名黑籽南瓜。黑籽南瓜抗枯萎病等土传病害，嫁接后生长势强，籽粒大、千粒重约 125 克，每 667 $米^2$ 用种量 1～1.5 千克。由于抗寒性好，适宜越冬茬黄瓜嫁接。

25. 黄瓜嫁接育苗接穗和砧木的播种方法是什么？

(1)接穗黄瓜　黄瓜每 667 $米^2$ 用种量 200～250 克，播种前先将苗床浇透水，播种时应尽量稀播，播后覆土厚 1 厘米左右，然后覆盖地膜，再插小拱棚。育苗期间棚内温度保持 25℃～28℃，一般播种后 3 天开始出苗时将地膜撤去，5 天即可出齐苗。齐苗后白天温度保持 20℃～22℃、夜间不超过 14℃，苗期根据墒情适当浇水，每隔 4～5 天喷 1 次 75%百菌清可湿性粉剂 600 倍液。

(2)砧木南瓜　用黑籽南瓜作砧木，应比黄瓜晚播 5～6 天；用黄籽南瓜作砧木，黄瓜和南瓜可同时播种或比黄瓜晚播 1～2 天。原则是让黄瓜苗等南瓜苗，不能叫南瓜苗等黄瓜苗，以利于黄瓜苗下胚轴与南瓜苗下胚轴粗细相近，否则嫁接成活率会降低。南瓜播种后覆土约 2 厘米厚，然后覆盖地膜。注意南瓜应适当密播。南瓜也可采用直径 10～12 厘米的营养钵育苗，这样嫁接时不起苗，带营养钵直接嫁接不伤根，可提高成活率。播种后小

拱棚薄膜覆盖，棚内温度白天保持25℃～28℃、夜间16℃～18℃。幼苗出土后温度应适当降低，齐苗后撤去地膜和小拱棚，并喷洒50％硫菌灵可湿性粉剂400倍液预防病害。

26. 黄瓜嫁接育苗方法有哪些？

黄瓜嫁接方法有靠接法、插接法和劈接法等，前两种方法操作简单，易管理，成活率高，生产中广泛应用。嫁接育苗方式有3种：一是将黄瓜和南瓜分畦播种育苗，嫁接时分别掘取秧苗，嫁接后另畦栽植。二是将黄瓜种子撒播在苗床中，南瓜催芽后点播到营养钵里（居中位置），嫁接时只掘取黄瓜苗嫁接于南瓜苗上，靠接后将黄瓜苗的根假植到营养钵的一侧，摆入苗床管理即可。三是将南瓜直接播种在畦垄上，掘取黄瓜苗嫁接即可，靠接后将黄瓜苗的根假植到畦垄一侧。上述3种方法各有利弊，后两种方法南瓜不用缓苗，但要求嫁接技术熟练，以保证嫁接成活率。

（1）靠接法　也称舌接法，操作简单，易管理，成活率高，黄瓜嫁接育苗多采用此法。嫁接适期是南瓜子叶展平心叶显露、黄瓜第一片真叶展开2厘米左右时，苗太大茎发生空心，会影响嫁接成活率。靠接时将黄瓜苗和南瓜从苗床起出，削去砧木的生长点，留下2片子叶，用刀片在距子叶0.5～1厘米的下胚轴上，自上而下按35°～40°角斜切一刀，深度为茎粗的1/2；接穗黄瓜在子叶下1.2～1.5厘米处的胚轴上，自下而上按30°角斜切一刀，深度为茎粗的3/5。然后把砧木和接穗的两个舌形切口

相互嵌入，使黄瓜子叶在南瓜子叶之上，相互垂直呈“十”字形，并用嫁接夹固定。

（2）芽插接法

①插竹签　去掉南瓜苗的顶芽，用竹签插孔。用右手捏住竹签，左手拇指和食指捏住砧木下胚轴，使竹签的先端紧贴砧木1片子叶基部向另一片子叶的下方斜插，深度一般为0.5～0.7厘米，不可穿破表皮或穿透至髓部，避免接穗以后产生不定根。

②削接穗　从黄瓜子叶下0.4～0.6厘米处入刀，相对两侧各削一刀，削成刀口为0.5～0.7厘米的楔形，刀口一定要平滑。接穗刀口长短及粗细，要与竹签插进砧木的小孔相同，以使插接后砧木与接穗相吻合。

③插接穗　接穗削好后，随即将竹签从砧木中拔出，插入接穗，深度以削口与砧木插孔平齐为度，并使接穗子叶与南瓜子叶呈“十”字形。削接穗和插接穗的整个过程要做到稳、准、快，接穗插入后固定好，使砧木与接穗的维管束、韧皮部相应部位接通。

27. 黄瓜嫁接后如何进行苗期管理？

将嫁接好的秧苗，移栽到8厘米×8厘米的营养钵中，盖土要适宜、最低离嫁接夹2厘米，以免黄瓜发生不定根。营养钵摆放在用小拱棚覆盖的苗床上，并及时扣棚膜。边栽苗边浇水，注意不要把水浇到接口上。摆放苗时嫁接夹朝一个方向，便于后期黄瓜断根。移栽后的5天内棚内温度保持28℃～30℃，地温保持20℃～23℃，空气相对湿度保持95%以上，有利于刀口愈合。嫁接后的

前3天不要见光，白天通过揭盖草苫调节光照强度。3天后逐渐增加见光时间，10天后进入常规育苗管理。嫁接后12～13天断根，断根前1天先将黄瓜嫁接刀口下方的下胚轴用手捏伤，第二天将黄瓜下胚轴割断。断根后要灵活掌握苗情变化，用拉放草苫来调节光照强度和温度，以提高成活率。此期发现砧木发生新芽要及时去掉，以免影响正常生长。采用顶芽插接方法嫁接的不需要断根。同时，应加强苗床管理，及时浇水和防治病虫害发生。

黄瓜嫁接苗的苗龄不宜过长，否则定植时伤根太重，容易造成植株早衰。通过近年来的高产典型经验看，无论是自根苗，还是嫁接苗，苗龄都不宜过长，黄瓜适宜的苗龄为30～35天，其生育指标为3叶1心。

28. 何为工厂化育苗?

工厂化育苗是利用先进的设施、设备和管理技术，在人工创造的最佳环境条件下，运用规范化的技术措施，采用工厂化生产手段，进行批量优质苗生产的一种先进育苗方式。工厂化育苗在蔬菜生产中具有十分广泛的推广价值，是我国今后蔬菜育苗的发展方向。工厂化育苗的迅速发展，对设施蔬菜产业提档升级起着明显的推进作用。

29. 黄瓜工厂化育苗应怎样选择品种?

黄瓜工厂化育苗应根据生产季节、栽培茬口和栽培条件选择品种。一般选择以主蔓结瓜为主，株型紧凑，抗

病，优质高产，商品性好，适合市场需求的品种。冬春、早春、春提早栽培应选择耐低温弱光、对病害多抗的品种；春夏、夏秋、秋冬、秋延后栽培，应选择高抗病毒病、耐热的品种；长季节栽培，应选择高抗、多抗病害，抗逆性好，连续结瓜能力强的无限生长型黄瓜温室专用品种。同时，不同地区还应选用当地的适宜品种。

30. 黄瓜工厂化育苗应选用什么容器和基质？

黄瓜工厂化育苗应根据苗龄的不同，选用不同穴孔的穴盘。苗龄为35～40天的秧苗，一般选用50孔（25厘米×50厘米）或72孔穴盘（27厘米×54厘米）。用过的穴盘应进行严格的消毒处理。黄瓜工厂化育苗基质一般为草炭：蛭石＝2：1（体积比），生产中对于来源不详细的草炭，应对其pH值进行检测，并确定基质是否安全。

31. 怎样进行育苗基质和育苗设施消毒处理？

使用过的基质再利用时，应进行严格的消毒处理。草炭在使用前每立方米加入熟石灰4～6千克，将pH值调至5.5～7.5。用40％甲醛50倍液均匀喷洒苗床和基质，然后用塑料薄膜覆盖密封3～5天，打开后5～7天，待甲醛气味完全挥发掉即可使用。基质装盘前均匀拌湿，以手握成团而不出水为宜。自然装盘后用工具去除多余基质，露出每孔的孔沿，使穴盘表面平整一致。播种前用50％多菌灵可湿性粉剂400倍液或40％甲醛100倍液或漂白粉10倍液，对催芽室、育苗室喷雾消毒或用硫磺熏蒸消毒，并用药液浸泡育苗工具。同时，播种前进行种子

消毒处理。

32. 怎样进行黄瓜种子发芽试验？

播种前应进行发芽试验，根据发芽率确定预备苗的播种量。播种量计算公式：

播种量＝K×（单位面积计划育苗数）/（每千克种子粒数×使用价值）

种子使用价值＝净度×发芽率（黄瓜的发芽率一般在90％以上）

K为安全系数，一般为1.5～3。

33. 怎样对黄瓜播种室和催芽室进行管理？

黄瓜以每平方米播种150克为宜，播种后覆土厚约1厘米，覆土要细碎均匀一致。将育苗盘排放在催芽室的育苗架上，盖一层地膜保湿。播种室温度保持28℃～30℃，空气相对湿度保持90％以上。如果基质干燥，需喷水1～2次，50％～60％的种子破土时、60％幼苗拱土时再覆土1～2次，喷水1次，防止秧苗戴帽出土。当育苗盘内有60％～70％种子顶土时，即可出室。

34. 黄瓜工厂化育苗是否采用嫁接技术？

由于黄瓜嫁接苗有提高抗性、提高耐低温能力、促进根系茁壮生长及增加产量及质量等优点，黄瓜工厂化育苗应采用嫁接育苗，嫁接方法同前。

35. 黄瓜工厂化育苗应怎样进行苗期管理？

（1）温湿度管理　黄瓜幼苗最适宜生长温度白天为

26℃～28℃(阴雨天20℃～22℃)、夜间18℃～20℃,温度高于35℃、低于10℃均会影响幼苗生长,0℃时便会受冻害。育苗室空气相对湿度白天保持80%左右、夜间90%左右,湿度过高时,冬春季采用加温排湿法,夏秋季结合降温开启排气扇和天窗同时排湿。

黄瓜幼苗对水分需求敏感,基质潮湿时生长良好,但湿度过大,尤其当根际温度低时,易产生沤根现象,基质相对含水量以50%～55%为宜。

(2)营养液管理　黄瓜幼苗对养分敏感,尤其是对氮、磷元素。营养液配方应根据不同肥料来源确定,可选用黄瓜专用营养液配方或常用配方配制,在子叶展平至1叶期采取营养液与清水间隔浇灌,1片真叶后便可连续浇营养液。

(3)光照管理　充足的光照可使幼苗生长健壮,促进发育,提早采收,提高产量。在育苗期间,冬春季上午光照低于2 000勒时须给予补光,夏秋季光照达3万～4万勒时要及时遮阴降温。

(4)补苗　在子叶期可将预备苗移入空穴盘中。补苗时注意根要理顺,苗要扶正,基部稍按实。补苗尽量选阴天进行,或在补苗后遮阴1～2天,并浇透水。

(5)病害防治　黄瓜育苗期主要病害有猝倒病、立枯病、霜霉病和白粉病,应加强防治。

（二）疑难问题

1. 如何提高黄瓜嫁接苗的质量？

（1）控温保湿　黄瓜嫁接环境应保持相对湿润。幼苗嫁接后，应立即摆放于小拱棚覆盖的苗床，每棚摆满后，苗床浇足水，防止接穗失水萎蔫。用塑料布将苗床四周封严，以利于保持苗床温度和高湿状态（以棚膜上布满露珠为准），促使嫁接伤口尽快愈合。嫁接后 3 天之内，小拱棚内温度白天保持 25℃～30℃、晚间18℃～20℃，空气相对湿度保持 85％～95％；4～7 天时逐渐降低温湿度，白天温度保持 22℃～25℃、夜间 12℃～15℃，空气相对湿度降至 70％～80％，同时适当增加光照；7 天以后，发现接穗已明显生长时，逐渐开始通风排湿，并进一步降低温度、增加光照，直至完全揭去拱棚薄膜。

（2）注意遮阴　嫁接好后用草苫及时遮阴，避免阳光直接照射秧苗而引起接穗萎蔫。一般在嫁接后 2～3 天，可于早晨和傍晚揭开草苫，接受散光照射；中午前后日照强时覆苫遮阴。以后逐渐缩短遮阴时间，增加见光时间，以适应自然光照。一般 6 天后可不用遮阴，实行全天见光。

（3）适当通风　嫁接 3 天后，开始进行小通风，并且由小到大，逐渐加大通风量，通风时间也应随着嫁接天数的增加而逐渐延长。嫁接后 7 天可撤掉小拱棚，转入正常管理，此时应喷施 1 次 75％百菌清可湿性粉剂 500 倍

液，防止病菌侵入。此后，要注意经常观察苗情，若出现萎蔫现象，及时遮光喷水。

(4)及时去萌芽　砧木南瓜苗生长点处易萌发新的侧芽，与接穗争夺水分和养分，影响接穗的正常生长发育。因此，要注意察看，发现萌芽及时去除，以减少养分的消耗，促进接穗的正常生长。

(5)适时断根　采用靠接法的黄瓜嫁接苗，在嫁接后10～12天，黄瓜第一片真叶展开时，用刀片从嫁接刀口下0.5厘米处将黄瓜下胚轴切断，并随手拔出黄瓜根茬。同时，顺便清除接穗萌发的不定根，确保嫁接苗的抗病性与抗逆性。断根时要用草苫遮阴，避免强光照射。

(6)精细管理　对嫁接苗应精心管理，及早剔除病苗、死苗。移栽前将大小苗分级摆放，分类管理，以提高秧苗成活率，促进幼苗生长健壮。

2. 黄瓜冬春季育苗遇连阴寒流天气怎样进行苗床管理？

冬春季节黄瓜育苗，经常遇到各种灾害性天气，给秧苗造成损失，为减轻危害，应采取下列措施。①遇寒流时可以临时生炉火加温，保证幼苗生长的适宜温度；如遇阴天光照较弱，不可盲目加火升温，温度应降低2℃～3℃，并保持一定的昼夜温差。炉火加温时要注意防止烟熏和煤气中毒，随着温度升高，可逐渐停火。②草苫要逐渐早揭晚盖，争取多采光。阴雨雪风天气，只要不过度阴冷、揭开草苫后温度不剧烈降低，就要及时揭开草苫；天气阴冷时也要争取中午短时间掀苫见散射光，这是因为连续

几天阴雨和降雪，草苫揭不开，秧苗较长时间不见阳光，一旦晴天揭开草苫，秧苗很快失水萎蔫，严重时不能恢复而枯死。③遇到大风天，要把草苫压牢，防止被风刮掉冻伤秧苗。大雪天应采取边降雪边清除，避免积雪成灾而造成损失。雨雪天过后，及时晾晒草苫和纸被。④连阴放晴后，要通过反复掀盖草苫防止幼苗萎蔫，同时用糖氮液补充营养(1%糖溶液+0.5%尿素溶液)。苗期要坚持中午通风，以排除湿气和有害气体，补充二氧化碳。天气过冷或大风天气可不通风。

3. 黄瓜育苗期怎样正确使用乙烯利促进雌花分化？

酌情使用乙烯利可促进雌花分化，保证早熟丰产。在黄瓜幼苗2～4片真叶期，喷施0.015%～0.025%乙烯利溶液，可以有效地促进雌花分化。乙烯利的使用浓度因温度而不同，温度低时使用较高的浓度，而在高温条件下使用较低浓度就可收到良好的效果。侧蔓结瓜和主、侧蔓同时结瓜的品种处理效果更为明显，对主蔓结瓜的早熟品种效果不明显，秋黄瓜比春黄瓜处理效果好。雌性型品种如中农5号，不能喷施乙烯利。黄瓜早春育苗，正常情况下能够满足雌花分化所需要的环境条件(低夜温和短日照)，一般不必用乙烯利或增瓜灵(防落素)来促进雌花分化；否则，雌花过多，易大量化瓜。

三、露地黄瓜栽培

(一)关键技术

1. 露地黄瓜有哪几种栽培方式?

在裸露自然气候中的土地上进行黄瓜栽培,叫露地栽培。露地黄瓜栽培,温度条件完全受自然气候支配,只能靠调节播种期和定植期,把黄瓜安排在适宜季节进行栽培。按生产季节不同,露地黄瓜栽培可分为春季、夏季、秋季 3 个主要栽培茬口。

2. 露地春茬黄瓜的栽培季节和主要特点是什么?

露地春黄瓜是黄瓜栽培的主要形式之一。春露地黄瓜采用保护地育苗,天气转暖后定植于露地,生长期气候适宜,产量较高,主要用于鲜食黄瓜和盐渍黄瓜生产。露地春茬黄瓜可采取直播和育苗两种方式,采用直播方式的可在当地终霜期后,5 厘米地温稳定在 12℃以上时播种。采用育苗方式的可在 3 月上中旬阳畦内播种育苗(苗龄 40～50 天),也可在日光温室内播种育苗(苗龄 35～40 天),4 月下旬至 5 月上旬当地终霜期后,5 厘米地温稳定在 12℃以上时露地定植。因此,培育适龄壮苗,是

提高前期产量和效益的关键。

3. 露地春茬黄瓜栽培宜选用什么品种？怎样确定定植期？

黄瓜春季露地栽培，苗期经历春季低温，生长后期经历夏季高温的历程，加之春夏之交气候多变，风多、干燥。因此，要获得黄瓜丰产，应选择适应性强，苗期耐低温，长势强壮，抗病，较早熟，高产的品种。可选用冀杂1号、津绿4号、津绿5号、津研4号、津春4号、津春5号等品种。

黄瓜根系伸长的最低地温为8℃（地表下10厘米），各地春黄瓜定植时，一般要求平均温度在15℃左右，有霜地区必须在当地断霜（绝对终霜）后，地温稳定在12℃以上时定植。华北中南部地区一般在4月底至5月初定植。

4. 露地春黄瓜定植前为什么要进行秧苗锻炼？其方法是什么？

露地春黄瓜通常于当地晚霜期过后，旬平均温度稳定在15℃～18℃、10厘米地温稳定在12℃～15℃时进行定植。此期外界环境条件与苗床内环境条件差异很大，北方昼夜温差大、地温低、空气干燥且风大；南方空气湿冷、阴雨多、地温低。为了使秧苗适应不良的外界环境条件，就必须进行秧苗锻炼，这对提高秧苗的抗逆能力，适应定植后的不良环境条件，是不可缺少的重要技术环节。秧苗锻炼方法：在定植前2周根据天气情况，白天逐渐加强通风，夜间减少覆盖，最后白天覆盖物全撤掉，夜间只盖草苫或塑料膜。定植前5～7天逐渐加大夜间通风量，

到定植前3～4天夜间覆盖物全撤，使幼苗昼夜接触自然环境。通过秧苗锻炼，可进一步控制秧苗生长，促进根系和花芽发育，提高幼苗对不良气候条件的适应能力。

5. 春露地早熟黄瓜怎样进行整地做畦和定植？

春露地早熟黄瓜栽培可采用露地平畦、小高畦（垄）地膜覆盖、地膜双覆盖栽植、小拱棚覆盖等形式定植。定植前每667米^{2}施腐熟有机肥5米^3、磷酸二铵50千克。翻耕混匀土肥，整平做畦。

（1）平畦栽植　畦宽130～140厘米，每畦栽2行，行距65～70厘米，株距20～25厘米，每667米^{2}栽植4 000～4 500株。

（2）小高畦地膜覆盖栽植　做底宽85厘米、畦面宽70厘米、高10厘米左右的小高畦。要求畦面平整细碎，用幅宽95～100厘米的地膜覆盖，以增温保墒。

（3）地膜双覆盖栽植　在小高畦地膜覆盖的基础上，栽苗后立即插高33～50厘米小拱棚，覆膜保温。为减少投资，可用旧薄膜；也可以先盖小棚膜，待终霜后落地成地膜覆盖形式。扣小拱棚可提前10～15天定植。定植后加强管理，每天揭两侧通风口通风降温排湿，傍晚及时关闭通风口保温；撤棚膜前5～7天加强通风炼苗。撤棚膜不可过早，要待晚霜过后，冀中南部地区一般5月初撤膜。

（4）小拱棚覆盖　一般用竹片、细竹竿、树条做成1米高的拱架，上面覆盖塑料薄膜（也可用旧薄膜覆盖）。一般覆盖15～20天，终霜后撤棚，并及时插架。扣膜期

间要注意白天通风降温，夜间闭棚保温防寒。

(5)定植　黄瓜定植密度应根据栽培品种的特性、土壤肥力及生长期长短而定。春露地黄瓜一般定植行距60～65厘米、株距25～30厘米，每667米^{2}定植3 000～4 000株。主蔓结瓜多、土壤肥力较低时可栽密些；相反，品种侧枝结瓜多，土壤肥力较高时可稀植些。黄瓜有明水栽和暗水栽两种方式，明水栽即在畦面挖穴、栽苗后浇水；暗水栽也叫坐水栽、水稳苗，一般在定植前先开沟晒土，栽时再顺沟施入部分基肥，与土混合后放水，待水渗到一定程度后，将瓜苗土坨坐入泥水内，然后用沟两侧的土封沟。

6. 春露地早熟黄瓜定植后怎样进行管理?

定植缓苗后及时中耕2～3次，中耕时下锄要深，以提高地温，促发根系，但要防止下锄伤根。抽蔓时及时插架绑蔓，架形为“人”字形花架，可防风灾和雨季趴架。根瓜坐住后及时浇催瓜水、施催瓜肥，每667米^{2}可施尿素10～15千克。以后每5～7天浇1次水，保持畦面见湿见干，水量宜小不宜大。一般隔1次水追1次肥，每次每667米^{2}施硫酸铵20千克，或碳酸氢铵20千克，或用粪稀、沼气液随水浇灌。结瓜期注意经常绑蔓、打杈、摘卷须、雄花和畸形瓜，满架后摘顶促结回头瓜。根瓜要早采，防止坠秧。及时防治病虫害。

7. 春露地黄瓜定植后怎样进行施肥和浇水?

定植4～5天后，秧苗长出新根，生长点有嫩叶发生，

表示已经缓苗，此时应浇1次缓苗水（如土壤很湿可不浇或晚浇）。此时正处于早春，地温尚低，所以浇水量不要太大，以免降低地温，或土壤湿度过大而导致沤根。待地表稍干，应及时中耕2～3次，以提高地温，促发根系。

从定植到根瓜坐住前（瓜条见长，颜色变绿），栽培管理上要突出一个“控”字，多中耕松土，少浇水，改善根部生长环境，促进根系发育，达到根深秧壮，花芽大量分化，根瓜坐稳的目的。但蹲苗要适当，应随时根据秧苗长相和土壤干湿状况综合判断，决定是否浇水。若仅以根瓜坐住与否判断是否浇水，可能会导致秧苗生长受阻，引起化瓜或根瓜苦味增强，并影响产量。待根瓜坐住、瓜条明显见长时，应及时浇1次清水或粪稀水，促进根瓜和瓜秧的生长。

进入结瓜期后，外界气温渐高，瓜条和茎叶生长速度加快，而且随着瓜条的不断采收，肥水的吸收量也日益增多。此期在管理上要突出一个“促”字。但“促”的程度应因植株生育时期及外界环境的变化而异，原则上是先轻促，后大促，再小促。在根瓜生长期，坐瓜尚少、植株生长量尚小，外界气温尚低，此时浇水量不宜过大，保持地面见湿见干即可。

进入结瓜盛期（腰瓜生长期），气温高，光照足，植株坐瓜多，茎叶生长旺盛，营养生长和生殖生长均达到顶峰，对肥水的需求逐渐增大，此时应大量施肥浇水，每1～2天浇1次水，甚至1天浇1次水，浇水宜在早上进行。浇水要掌握少量多次的原则，不要大水漫灌。施肥一般

结合浇水进行,1次清水,1次带肥水。肥料施用也应掌握少量多次的原则,追肥最好增加氮、钾肥,一般每次每667米^{2}追施尿素15～20千克,或钾肥5～10千克。

8. 春露地黄瓜怎样进行搭架及整枝绑蔓?

(1)搭架　春季风大,常将幼苗茎叶吹断,因此应尽早搭架。一般用2～2.5米的细竹竿,每株1根竿,插在植株外侧相距7～8厘米处。架式以花格"人"字形架较结实,在行头、行尾用6根竹竿扎一束,中间的4根扎一束。搭架不仅可以保护秧苗,而且可以提高光能利用率,达到增产的目的。

(2)整枝绑蔓　绑蔓就是将瓜秧固定在搭架上。通过绑蔓可以对黄瓜起到促和控的作用。一般在株高25～30厘米时开始绑蔓,以后每隔3～4叶绑蔓1次。绑蔓一般绑在瓜下2节,采取曲蔓绑法,以降低其高度,抑制徒长,绑蔓的同时摘除卷须。另外,通过调节绑蔓时的松紧程度可以实现对植株生长势的控制,对生长势强的,应绑得稍紧一些,以抑其生长;对生长势弱的则应稍松一些,以促其生长。瓜上面应比瓜下面绑得紧一些,以促进养分向果实内输送,防止大量养分输向生长点而引起徒长和化瓜。主蔓快到架顶、一般在20～25节时摘心,以利回头瓜的发生。及时打掉下部的老黄叶和病叶,既可节约养分,又可改善通风透光条件,减少病虫害发生。一般在第一瓜下的侧蔓要尽早除去,防止养分分散,上面的侧蔓可采取见瓜后留2叶摘心,这样有利于总产量的提高。

9. 春露地黄瓜采收期应注意哪些问题?

黄瓜以嫩瓜供食,连续结瓜,陆续采收。露地黄瓜始收期的早晚与品种、苗龄、气候条件和栽培管理有关。由于露地春黄瓜的根瓜生长期温度较低,又是控水蹲苗时期,所以生长期较长,一般定植后25～30天采收,根瓜应尽量早收,以免坠秧。腰瓜及回头瓜生长较快,开花后4～12天即可采收。生长旺盛的瓜秧中部的瓜条可适当晚收,以提高单瓜重来提高产量。及时摘除畸形瓜。初收期每隔2～3天采收1次,盛瓜期可每天采收。华北地区果实以“顶花带刺”为最佳采收期,要求瓜条已充分长大,花干而未枯,刺瘤略显稀疏,刺白而未干。果实采收越晚,发育所消耗的养分越多,不但影响品质,而且容易造成坠秧,延缓上部果实发育。露地春黄瓜每667米^{2}产量一般为3 000～6 000千克,高产的可达10 000千克。

10. 露地夏黄瓜的栽培特点是什么?适宜品种有哪些?

露地夏茬黄瓜一般在5月中下旬至6月份播种,7～8月份采收上市。夏黄瓜生长期处于炎热多雨或炎热干旱的气候条件下,不利于根系发育,植株生长势较弱,且炎热多雨季节病虫害多,产量低而不稳,栽培面积较小。但由于7～8月份为蔬菜生产淡季,市场销售价格较高,经济效益较好。

生产中应选择抗病性、耐热性、生长势、适应性强的品种,如冀杂1号、津优41、津春4号、夏丰一号等。

11. 露地夏黄瓜如何进行整地与播种?

（1）整地　黄瓜根系好气，喜湿怕涝，但夏季高温多雨，故应选择地势较高、土质肥沃、能灌能排的地块种植。前茬宜选用小白菜、小茴香、菠菜等茬口。播种前结合耕地每667米^{2}施腐熟有机肥4～5米^3、磷酸二铵10～15千克，整平耙细后，按行距60～70厘米、高15厘米起垄。

（2）播种　夏黄瓜多采取干籽直播，或浸种后直播，每667米^{2}用种子250克左右。可在垄顶开小沟，沟深约2厘米，每6～7厘米播1粒种子。也可按穴播种，穴距约25厘米，每穴播2～3粒种子。覆土后顺垄浇小水，水洇透垄顶即可。

12. 露地夏黄瓜怎样进行苗期管理?

出苗后及时查苗、补苗，幼苗长出真叶开始间苗。因夏季时有暴雨和病虫害发生，所以定苗期应适当推迟至3～4片叶时进行。出苗后应及时进行中耕，疏松土壤，以促进幼苗发根，防止徒长，一般结瓜前中耕3～4次，即可起到松土、透气、除草的目的。

13. 露地夏黄瓜高温多雨季节如何进行肥水管理?

苗期根据苗情长势，适时追肥浇水，偏施少量化肥给弱苗，促进弱苗生长，使苗整齐一致。结瓜前适当蹲苗，一般不浇水，特别干旱可少量浇水，浇水后及时中耕松土。第一条瓜坐住后开始浇水，结合浇水追1次肥，每667米^{2}施三元复合肥10～15千克，此期浇水量不要过

大，保持地面见湿见干即可。进入结瓜盛期，随着气温地温增高，蒸发量增大，肥水要充足，一般1～2天浇1次水，或每天浇1次水，浇水应在早、晚进行。一般1次清水1次带肥水，每次每667米^{2}可追施三元复合肥15～20千克。8月下旬后天气转凉，可随水追施人粪稀或沼气液，同时叶面喷施0.2%磷酸二氢钾+2%尿素溶液，或0.1%硼酸溶液，防止化瓜，促进早熟，提高品质。

14. 露地夏黄瓜怎样进行植株调整？

植株开始抽蔓、株高30～40厘米时及时搭架绑蔓，一般3～4叶绑1次蔓，绑在瓜下1～2节，采用曲蔓绑蔓方法。结合绑蔓进行整枝、去卷须等，一般不留基部侧蔓，中上部侧蔓可根据品种特性和栽培密度酌情留蔓，见瓜留2叶摘心。

15. 露地秋黄瓜的适宜播种期和品种是什么？

露地秋黄瓜的适宜播种期为6月下旬至7月上旬，一般采取直播，不能及时腾地时也可育苗移栽。秋黄瓜生长期正值高温多雨的季节，病虫害较重，必须选用耐湿、抗热、抗病虫害、生长势强、高产的品种，如津研1号、津研2号、津研4号、津研7号等。也可选用本地区适于夏秋栽培的地方品种。播种前对种子进行去杂除秕，并测定千粒重及发芽率，每667米^{2}用种量200～250克。

16. 露地秋黄瓜如何进行肥水管理？

（1）浇水　秋黄瓜播种时，如土壤湿润，播种当天可不浇水，当幼苗顶土时浇水；如土壤墒情不好，当天就需

浇水。浇水应顺沟进行，以润湿播种沟为宜，不能漫灌过播种沟，以免造成土壤板结。当幼苗出齐时浇1～2次齐苗水。幼苗出齐后至收根瓜前，尽量少浇水，以利养根壮秧，减少病害。浇齐苗水后要及时浅中耕，深度以2～3厘米为宜，以保墒松土。收根瓜后，开始增加浇水次数，但不能大水漫灌，一般每3～5天浇水1次，浇水要结合当时的天气情况，以保持土壤湿润为准，浇水在早、晚进行。结瓜后期气温降低，要适当少浇水，浇水应在上午进行，以稳定地温。同时，要采取排涝措施，要做到畦内不积水；若有大暴雨，雨前需清理排水沟，保证排水畅通。

(2)追肥　秋黄瓜直播小苗，必须保证营养充足。第二次间苗后应结合浇水进行第一次追肥，之后遇大雨或连阴雨后均应追肥。结瓜盛期要做到隔水一肥，每次每667米^{2}追施尿素5～10千克，适当配施速效磷、钾肥，有良好的增产效果。也可随水冲施充分腐熟的人畜粪混合液或沼气液。

(二)疑难问题

1. 露地春黄瓜高产高效栽培关键技术是什么?

①选用早熟、抗病、丰产、适应性强的品种是获得高产高效的基础。②适时早播，采用营养钵培育大苗，定植后瓜苗能迅速进入开花结瓜期，提前结瓜，争取前期产量和效益。③施足基肥，精细整地，做高畦。④适当密植，高架栽培，及时搭架绑蔓。⑤前控后促，巧施肥水，科学

管理。⑥及时防治病虫害,适时采收,延长采收期。

2. 露地夏秋黄瓜高温多雨季节管理技术要点是什么?

①黄瓜夏秋季露地栽培,应选择耐热、抗病品种。②结合整地重施有机肥作基肥,整地不宜深,采取小高畦或高垄栽培,做好排水沟,以备雨后排水。③播种多采用直播,也可育苗移栽,可适当密植,一般每 667 米^2 栽植 5 000~5 500 株。④加强田间管理,及时定苗补苗,中耕除草,追肥浇水。浇水要看天、看地灵活掌握,大雨时要及时排除积水,注意防涝。⑥及时搭架、整枝、绑蔓,注意防治病虫害。

四、塑料拱棚黄瓜栽培

(一)关键技术

1. 塑料拱棚黄瓜栽培模式有哪些?

塑料棚分小拱棚、中棚和大棚 3 类。大棚黄瓜栽培,因栽培季节不同又分为大棚黄瓜春提早栽培和大棚黄瓜秋延后栽培。大棚黄瓜春提早栽培是当前大棚黄瓜栽培的主要形式,其面积占春季大棚的 70%左右。大棚黄瓜秋延后栽培,一般是 7 月上旬至 8 月上旬播种育苗,7 月下旬至 8 月下旬定植,9 月上旬至 10 月下旬采收供应市场,一般供应期可比露地延后 35 天左右。

2. 小拱棚春早熟黄瓜栽培有哪些特点?

小拱棚覆盖空间有限,这有限的空间可以满足其他蔬菜在覆盖期间生长所需要的空间,却很难满足黄瓜生长的需要。小拱棚覆盖撤棚时,黄瓜已进入结瓜期,按正常管理黄瓜早已应支架并引蔓上架。但由于小拱棚空间限制无法进行支架引蔓,只好让本应上架的植株匍地生长。撤棚后引蔓上架已是结瓜期,为不伤根系,不能进行中耕、培垄等田间管理。

3. 小拱棚春早熟黄瓜栽培技术要点是什么?

(1)施足基肥　黄瓜是喜肥而不耐肥的作物,追肥应实行少量多次的原则,但小拱棚栽培到撤棚上架前,由于空间小却难以多次追肥。因此,生产中应在定植前施用充足的腐熟优质农家肥作基肥,一般每667米^{2}施腐熟圈肥、马粪8～10米^3,或定植时在定植穴内施些腐熟捣细的大粪干。

(2)中耕和追肥　缓苗后选择晴暖天气揭膜中耕划锄,中耕划锄次数要多、可进行3～4次。中耕划锄要求周到,行间、株间都要划到。中耕划锄要一次比一次深,最好能达到10厘米。中耕划锄以后要把土坷垃打细碎,划除后的土壤要求松软细碎。根瓜坐住后,结合中耕,在植株附近开沟追施有机肥,每667米^{2}施腐熟捣细的大粪干或鸡粪,与过磷酸钙40～50千克混合施用。

(3)揭棚前少浇水多理秧　揭棚前植株匍地生长,一旦浇水,棚内湿度太大,易诱发病害;干旱必须浇水时,也要浇小水。植株匐地生长,要注意经常理顺茎的走向,掐掉卷须,使植株茎叶在空间分布合理,充分截获光能。同时,还可避免茎蔓互相缠绕,出棚时无法上架。

(4)搭架绑蔓　撤棚后立即搭架,然后进行绑蔓和调整植株。

(5)病虫害防治　严重危害黄瓜的霜霉病有可能在撤棚前就已发生,应及时防治。

4. 大棚黄瓜早春栽培应选择什么品种？怎样确定育苗适期？

大棚黄瓜早春栽培应选用早熟、抗病、丰产、品质优良的品种，如冀杂1号、津春4号、中农5号等。其育苗播种期主要根据栽培方式、栽培品种、当地气候条件、育苗设备和育苗技术等具体情况而定。生产中可按培育适龄壮苗所需的天数，从定植日期向前推算来确定播种期。大棚黄瓜早春栽培，在温室内育苗，苗龄为4～5片真叶，育苗期为50天左右；如果在温室内用电热温床育苗，育苗期35～40天即可达到4～5片真叶。河北省中南部地区大棚黄瓜早春栽培，采用单层覆盖，定植期在3月20日左右，育苗播种期在2月上中旬；采用双层覆盖，定植期在3月10日左右，育苗播种期在1月下旬至2月上旬；采用多层覆盖，定植期在3月初，育苗播种期在1月上中旬。

5. 大棚黄瓜早春栽培育苗技术要点是什么？

大棚黄瓜早春栽培，可采用营养钵或50孔穴盘育苗，1钵（穴）播1粒发芽的种子。播种后应加强温度管理和水分管理。

（1）温度管理　出苗前以提高温度为主，白天保持28℃～30℃、夜间22℃～20℃，夜温不低于15℃，地温保持22℃～25℃、不低于18℃，2～3天即可出齐苗。出苗阶段昼夜均不通风，遇阴雨雪风等寒冷天气可不揭苫，以保温为主。出苗后要揭苫见光，适当小通风，适当降低温度，白天温度保持20℃～25℃、夜间16℃～14℃，促进根

系发育，防止高夜温造成下胚轴徒长，形成“高脚苗”。第一片真叶展开至定植前 7～10 天，按四段变温管理，即晴天上午 8 时至下午 1 时温度保持 20℃～25℃，不超过 30℃；下午 1～6 时保持 25℃～18℃；6～12 时保持18℃～15℃，不高于 20℃；夜间零时至早晨 8 时保持 15℃～12℃，不低于 8℃。

（2）水分管理　播种前或移苗时苗床浇 1 次透水，以满足整个苗期的需水量，育苗期间一般不再浇水。但如果床土沙性大，保水能力差，或因底水不足，苗床缺水，应及时补水，补水要适当，不要过于频繁；否则，苗床湿度过大，影响发根；而且遇连阴天及低温还易发生猝倒病、沤根、霜霉病、细菌性角斑病、灰霉病、叶片生理性干边等病害；天气晴好时，幼苗易徒长，影响雌花分化及其生长发育，导致定植后出现空秧无瓜、疯秧、大量化瓜现象，影响产量。

6. 早春茬大棚黄瓜什么时间扣棚和定植为好？

（1）扣棚　为了提高棚内地温，定植前 20～30 天扣大棚膜，促使土壤解冻，提高地温，以利于黄瓜定植后根系发育，迅速缓苗。提早扣棚是最经济实惠的提高地温的方法，但由于春季天气易变化，春大棚黄瓜提早扣棚膜具有一定的风险性，生产中要注意天气预报，预防风灾，可采取拉紧压膜线、少开门等措施，防止冷风进入。同时，应准备防寒设施，最好应留有余苗以备补栽之用。

（2）定植期　大棚黄瓜春提早栽培定植期的确定，应保证定植后幼苗根系能够生长、地上部不受寒害或冻害

为准。一般大棚内10厘米地温稳定在15℃以上，最低不低于12℃，定植后可正常缓苗成活。单层大棚的安全定植期为3月底至4月初。为了抢早，双膜覆盖（地膜＋棚膜）可提前至3月20～25日定植，三层覆盖（地膜＋棚膜＋小拱棚）可提早至3月15～20日定植，多层覆盖（地膜＋棚膜＋小拱棚＋天幕）可提早至3月10～15日定植。定植应选择在寒流过后，晴天无风的天气进行，即在天气"冷尾暖头"定植，不要在寒流天气、阴雨雪天气定植。

7. 早春茬大棚黄瓜栽培怎样进行整地施基肥？

前茬蔬菜收获后，于冬前每667米^{2}施充分腐熟圈肥或土杂肥6～8米^3，深耕晒垡，以培养地力，减少病虫害。春季扣棚前每667米^{2}施充分腐熟细碎鸡粪2～3米^3、过磷酸钙30～50千克、硫酸钾20～30千克或三元复合肥30千克，肥料可2/3撒施，然后深翻。其余1/3定植前沟施或穴施。冬前深耕晒垡，精细整地，实行高垄或高畦地膜覆盖栽培，有利于蓄热增加地温，促进幼苗早发，提高前期产量。定植前10天左右做畦，高畦畦面宽65～70厘米、底宽75～80厘米、高10～15厘米，畦距60厘米，每畦栽2行，地膜覆盖；膜下沟（暗）灌或滴灌。高畦比平畦地温可高1℃～2℃，地膜覆盖高畦比平畦10厘米地温可高1.5℃～4.7℃。但是早春盖地膜后，近地表气温略低，应予以重视。

8. 早春茬大棚黄瓜的定植密度及方法是什么？

定植密度是合理群体密度和群体结构的基础，大棚

黄瓜早春栽培定植密度依品种而不同，一般分枝少主蔓结瓜品种，如冀杂1号、新泰密刺、长春密刺、山东密刺等，每667米^{2}定植4 500～5 000株；津春4号、中农5号等杂交品种，生长势强，每667米^{2}定植3 500～4 000株。大棚黄瓜春早熟栽培，由于春季气温低，切忌栽苗后大水漫灌。可采用水稳苗定植方法，一般做畦后先覆膜，按株行距挖穴，按穴浇足水，待水渗下后栽苗；也可定植后覆膜。黄瓜苗宜浅栽不宜深，定植时苗坨与畦面栽平即可。嫁接苗定植时注意不要把嫁接刀口埋住，以防从接穗产生不定根而感染土传病害。

9. 早春茬大棚黄瓜定植后怎样进行田间管理？

大棚早春黄瓜定植后，缓苗期和初花期处于3月中下旬至4月上旬，天气易变，应做好防寒工作，促缓苗发棵。结瓜期正处于春季和初夏季节，日照充足，气候温暖，要加强肥水管理，注重防病保秧保瓜，防化瓜防早衰，争取早熟丰产高效益。

（1）*温度管理*　定植后密闭大棚保温增温促进缓苗，定植早的还要采取防寒措施，特别要注意天气变化，防止寒流霜冻造成冻害。缓苗期间还要注意防止晴天高温伤害，大棚内中午温度达35℃以上时，要及时通风。缓苗后至采收前外界气温仍然较低，棚内仍以保温为主，防寒防霜冻。一般白天温度保持25℃～30℃，不超过35℃；夜间保持15℃～10℃，不低于5℃。为了争取棚内多积累热量，白天棚温超过28℃时通风，降至28℃时及时关闭通风口，使棚内温度较长时间保持30℃左右，对提高夜温和防

寒有良好效果。

随着季节的推移，外界气温升高，棚内温度也逐渐升高，当棚温达30℃以上时，要敞开棚门或四周通风，棚温降至26℃左右关闭通风口。4～5月份外界气温进一步升高时，可揭开棚膜。

(2)肥水管理　早春定植时在沟中浇暗水栽苗，以免降低地温。如果栽植较晚，棚内温度较高，也可明水栽苗，这样既可以满足根系需水量，促进发根，同时又可提高棚内空气湿度，增加闭棚缓苗期间秧苗的耐高温能力。定植后5～7天浇缓苗水，以保证发棵至根瓜坐住前对植株水分的需求。这段时间如果缺水，叶片中午萎蔫逐渐加重，影响发棵；但浇水(不管水量大小)易造成营养生长过旺，影响发根和根瓜发育，化瓜严重。浇缓苗水不要追施速效性氮肥，以防秧苗徒长而大量化瓜。缓苗水后，要适当蹲苗，以控水促根控秧，不覆地膜的应进行中耕松土保墒。大棚黄瓜根瓜坐住后即进入结瓜期，可结合浇根瓜水追肥。此后应保持土壤湿润，确保水分和养分供应，按“小水勤浇、水肥勤施”的原则进行肥水管理。结瓜前期，以“一清一浊”(1次清水，1次带肥水)的肥水管理方法，每次每667米^{2}可追施硝酸铵15～20千克，或尿素7.5～10千克，或磷酸二铵10～15千克；结瓜中期，配合施钾肥，每次每667米^{2}可施硫酸钾10～20千克；结瓜后期，大棚要大通风，每次每667米^{2}可施碳酸氢铵20千克左右。如果按“水水带肥”进行管理，以上追肥用量应减半。结瓜期间还可叶面喷施1%糖＋0.2%～0.5%尿

素+0.2%～0.3%磷酸二氢钾+0.3%食醋混合液，也可喷施高美施有机水溶肥、绿风95、双保植物营养素、光合微肥、微量元素等叶面肥。

(3)植株调整　缓苗后及时插架或吊蔓，用聚丙烯塑料绳、尼龙绳、麻绳作黄瓜吊架，省工省力，经济实用，遮阴量少。固定吊绳时，先将上端固定于棚架上，下端拴上10～15厘米长小棍，然后插入距瓜秧10～15厘米远的土中固定。随瓜蔓生长，将茎蔓直接呈"S"形缠绕在绳上即可。及时摘除老叶、病叶、卷须、雄花、过多的或畸形的雌花或瓜条，并去除根瓜以下侧蔓，中上部侧蔓可留1个瓜并在瓜上留1～2片叶摘心。主蔓长至架顶时及时摘心，促结回头瓜。结瓜中后期摘除基部枯黄老叶，以利通风透光，减少病害发生。及时采收根瓜，防止坠秧。

(4)病虫害防治　大棚黄瓜早春栽培，采取以防治霜霉病为中心的病虫害综合防治措施，选用抗病优良品种，进行种子、床土、温室(育苗用)及大棚骨架空间消毒，培育壮苗；增施有机肥，采取高畦地膜覆盖栽培，加强温、光、水、肥管理；适用高温闷棚、通风排湿，特别是连阴雨天气用烟剂熏棚，加强预防；病害初发期及时用药防治。

10. 大棚黄瓜秋延后栽培有何特点？适用品种有哪些？

(1)栽培特点　大棚黄瓜秋延后栽培是在深秋较冷凉的季节，夏秋露地黄瓜已不能生长时，利用大棚的保温防霜作用，进行黄瓜生产的一种形式。一般7月中下旬播种，10月上旬扣棚膜，11月下旬拉秧，生长期100～110天。该栽培茬口的气候特点和早春大棚栽培正好相反，

前期处在高温雨季，中期气候温暖、光照充足，后期急剧降温。由于受大棚性能的限制，随着温度下降和光照减弱，不久便被迫拉秧，使盛瓜期大大缩短。另外，这茬黄瓜的病虫害很严重，雨季易发生霜霉病、疫病、枯萎病，高温干旱年份病毒病也很严重，管理难度很大。

(2)适栽品种　选择结瓜性能较好，苗期耐高温、中后期在较低温条件下结实力强，瓜码密，抗病性强，耐短期贮存的品种，如冀杂 1 号、博耐 7、博耐 3、津选冠丰、津春 4、津春 5、津优 10、津优 11、秋棚 1 号等。

11. 大棚黄瓜秋延后栽培怎样确定适宜播种期？

大棚黄瓜秋延后栽培播种过早，苗期赶上高温多雨病虫害严重，而且前期产量虽高，但与露地秋黄瓜同时上市，既不利于延后供应，也影响产值；播种过晚，生长后期气温急剧下降，影响中后期产量，降低产值。适宜播种期可根据当地自然气候条件和大棚内霜冻期向前推算 3 个月，如冀中南地区大棚霜冻期在 11 月中旬，应在 7 月中旬播种。另外，这茬黄瓜的盛瓜期应赶在露地秋黄瓜的末尾、温室秋延后黄瓜的前头，以提高经济效益。

12. 大棚黄瓜秋延后栽培怎样进行整地施基肥？

按照“重头控尾、重基肥轻追肥”的原则，整地前施足基肥。中等肥力水平的菜地，每 667 $米^2$ 施充分腐熟圈肥 5～8 $米^3$、优质腐熟鸡粪 2～3 $米^3$、三元复合肥 30 千克作基肥。播种前 10 天深翻土壤，耙细耙平，使肥土均匀混合。然后整平地面，按大行距 70 厘米、小行距 50 厘米，做

高畦或起垄栽培。

13. 大棚黄瓜秋延后栽培种植前怎样清洁田园和灭菌?

前茬作物收获后,应及时清除残枝落叶和消毒处理,以减少病虫害。消毒可在整地前进行,也可在整地后进行,采取棚内熏蒸消毒,方法是扣严薄膜密闭棚室,每667米^2 用硫磺粉1～1.5千克、80%敌敌畏乳油0.25千克,拌适量锯末,置于铁片上分放数处,点燃后密闭棚室熏蒸1夜,可消灭地上部分害虫及病菌。也可利用暑期高温,密闭大棚高温灭菌、灭卵5～7天。同时,要避免与瓜类重茬,以防病虫害严重发生。

14. 大棚黄瓜秋延后栽培怎样进行播种?

秋延后大棚黄瓜苗期正处高温雨季,一般采用棚内直播,幼苗期只扣顶部薄膜防雨。做小高畦或高垄,可按行距60～65厘米、株距25厘米开沟或挖穴,顺沟撒播或穴播。高温季节一般不进行催芽,温汤浸种后播种,或播前晒种1～2天干籽直播,每穴播2～3粒种子,播后覆土1.5厘米厚,然后洇水,一般播种3天后即可出苗。播前如果不能及时腾地,也可采取育苗移栽方式,幼苗2～3片真叶、苗龄25～30天为宜。直播的每667米^2 用种量为250克,育苗移栽的每667米^2 用种量为150克。黄瓜秋延后栽培生长期短(100天左右),一般要比春茬黄瓜适当密植,每667米^2 栽植4 000～5 000株。播种后于傍晚可撒毒饵,以防地下害虫咬食种子。

15. 大棚黄瓜秋延后栽培怎样进行田间管理？

（1）苗期管理　幼苗第一片真叶开展后，应及时分期间苗、补苗，选留健壮、整齐、无病的秧苗。3片真叶期及时定苗，每667米^{2}留苗4 000～5 000株。为促进雌花分化和发育，一般在幼苗长至1叶1心时，于早晨喷施150～200毫克/千克乙烯利溶液，每隔2天喷1次，共喷3次。可配合叶面喷施营养液，如高美施、喷施宝、糖氮液以及杀虫杀菌剂等，以壮秧防病虫保苗。苗期要多次浅中耕松土保墒促扎根；雨后及时喷药防病保苗；遇高温干旱，适量浇小水降温，水后加强中耕松土。若发现幼苗徒长，可适量喷洒矮壮素或缩节胺。

（2）温度管理　秋延后大棚黄瓜生长前期主要是降温散热，后期主要是防寒保温。播种至根瓜生长阶段，正是北方地区高温多雨季节，不利于正常生长发育，此期除棚顶扣膜外，大棚四周要全部放开，既可防雨防病，又可起到凉棚降温降湿作用。下雨时可将薄膜放下来，雨后立即打开。有条件的最好在棚室上覆盖遮阳网，每天早、晚和阴雨天撤掉，高温烈日的中午覆盖。进入结瓜盛期、9月中下旬至10月上旬时，自然温度比较适应黄瓜正常生长，可去掉遮阳网，棚温白天保持25℃～30℃、夜间15℃～18℃。外界气温15℃以上时，要敞开通风口。进入10月中旬后，外界气温逐渐降低，应逐渐减少通风量，白天棚温保持25℃～30℃、夜间13℃～15℃。10月下旬完全密闭棚膜，加强保温防寒，只在正午开门或在顶部进行短时间的通风换气，夜间棚外四周围草苫，防止寒流，

尽量延长采收期。当棚内温度降至10℃以下后,采取落架管理,可在棚内加盖小拱棚,以延长结瓜期。夜温降至5℃时,黄瓜不再生长,即可拉秧。

(3)肥水管理　秋延后黄瓜生长前期处于高温多雨季节,生长后期气温急剧下降,根据这一特点,在管理上要与春茬黄瓜有所区别。施用基肥量比春茬应略少,苗期控水、中耕松土,以促发根促坐瓜。

根瓜坐住后浇催瓜水,以后每5～7天浇1次水,结瓜期结合浇水追施速效性肥料,每667米^{2}可施碳酸氢铵15～20千克,或尿素10千克;进入结瓜盛期,需大量追肥浇水,可每7～10天浇肥水1次,浇粪水和追施化肥可间隔进行,粪水浓度不要太大,每次每667米^{2}可追施磷酸二铵15～20千克、硫酸钾20千克。后期可进行根外追肥。10月份以后温度显著下降,要闭棚保温,一般不再浇水,以提高地温,延长黄瓜采收期。

(二)疑难问题

1. 保护地黄瓜栽培应选用哪种塑料薄膜?

保护地黄瓜栽培应根据不同保护设施、不同栽培季节、不同品种选用适宜的塑料薄膜类型。高效节能日光温室冬春茬果菜类栽培,因覆盖期长达8个月以上,应选用透光率好、保温性能强、无滴效果好的聚氯乙烯无滴膜或聚氯乙烯防尘无滴膜。一般温室及大棚春提早和秋延后栽培,应选用聚乙烯无滴防老化膜、聚乙烯无滴膜、聚

乙烯多功能膜等。春季短期中小棚覆盖选用聚乙烯普通膜即可。

2. 大棚黄瓜早春栽培的关键技术是什么?

大棚黄瓜早春栽培高产高效的关键是突出一个“早”字,以获得前期市场的高效益。因此,生产中应选择早熟、耐寒、抗病的高产品种,并采用营养钵护根育苗方法,培育适龄大苗壮苗,枯萎病严重的须进行嫁接育苗;定植前提前扣棚烤地提高地温,在棚内温度条件允许的情况下在定植适期内尽量提前;在大棚内套小拱棚进行多层覆盖,提早定植,以延长采收期;重施腐熟有机肥作基肥,采取大小行高垄栽培,膜下滴灌。同时,应加强田间管理,调控好温、湿、水、肥、气等棚内环境因子,及时防治病虫害,及时采收上市。

3. 大棚黄瓜早春栽培定植后连续低温对秧苗的危害及防寒措施是什么?

(1)低温危害　大棚黄瓜早春栽培定植后,如果夜间5℃～10℃的低温时间持续过长,长达 8 小时以上,则缓苗期延长,叶片发黄而后干枯,但心叶和生长点还可生长;如果夜间出现－1℃～－2℃的低温并持续几个小时,幼苗即受冻害枯死。一般外界最低气温不低于－3℃、大棚内夜间 11～12 时温度保持在 8℃左右,幼苗不会受冻害。突然出现寒流,外温降至－5℃～－8℃时,大棚内就会出现霜冻。北方地区 3 月下旬寒流频繁,棚内常出现寒害或冻害,尤其是幼苗冻害更为严重。

(2)防寒措施　①棚内四周挂薄膜围裙，棚外围草苫，温度可提高2℃～3℃，这样当外温降低至－2℃时，棚内秧苗也可免受冻害。②棚内加小拱棚或保温幕(适用于钢架无柱空心式大棚)进行双层覆盖，温度可提高3℃～5℃，这样当外温降至－3℃～－5℃时，秧苗仍可不受冻害。③多层覆盖，即大棚内加设小拱棚和天幕，温度可提高5℃～7℃，防寒效果更好，定植期可提早至3月上中旬。多柱式竹木结构大棚，无法架设天幕的，可用无纺布在棚内秧苗上进行浮面覆盖，夜间可增温2℃～3℃。④若遇重寒流，可在棚内临时生炉火或炭火盆加温，也可在室外放烟室内放热或熏烟驱寒。

4. 大棚黄瓜早春茬定植后连续阴雨雪天气怎样管理?

注意收听收看天气预报，对气候变化早做准备。针对不同灾害性天气类型，加强预防和管理。

(1)大风天气应对措施　遇到大风天气，白天要固定好棚膜、压好压膜线或压膜带，将通风口、门口密闭，避免大风吹入室内或吹破棚膜降低温度。夜间要固定好草苫等覆盖物，防止夜间草苫被吹起。经常检查并及时修补好损坏的棚膜。

(2)大雪强降温天气应对措施　一是加强大雪防范，事先准备好备用的立柱，如遇大雪及时补充立柱，以防压塌大棚骨架。中小雪可在雪后清扫积雪，但大雪应随下随清扫积雪，防止积雪过厚压塌骨架。二是加强保温增温管理。可采取临时加温、熏蒸、地面铺盖秸秆等措施，提高棚内的温度。三是采取喷洒植物生长调节剂、糖醋

液等措施，提高植株的抗寒能力，预防冷害或冻害发生。

(3)连续阴雨雪雾天气突然转晴时反复揭盖草苫 若揭苫后发现叶片萎蔫应立即回苫，等到叶片恢复正常后再揭苫，再出现萎蔫时再盖苫，如此反复，直到不再出现萎蔫为止。在揭开草苫期间，可向叶片喷洒清水或营养液，用1%葡萄糖溶液喷洒叶片，效果更好。若土壤墒情不足，应在晴暖天气的中午前后浇1次透水，但不要大水漫灌，以免降温。在喷施营养液和浇水的前1天，把植株上的花、幼果摘除一部分或大部分，对促进植株恢复生长效果显著，特别是对出现花打顶的黄瓜更为有效。

5. 大棚黄瓜秋延后栽培瓜码稀、节位高的原因和防治方法是什么?

秋冬茬黄瓜育苗期间，日照长、温度高、气候条件不利于雌花的分化与形成，植株易徒长，雌花着生节位高且数量少。生产中在7～9月份育苗时，需用乙烯利进行处理。处理时间一般在幼苗2片真叶时进行，乙烯利使用浓度为150毫克/升。使用时，要严格计算浓度和用量，喷药须在傍晚进行，雾滴要细，喷布要匀，叶面有细雾即可，切不可重复喷施。

五、日光温室黄瓜栽培

（一）关键技术

1. 什么是日光温室？什么是高效节能日光温室？

在寒冷季节，利用太阳辐射能，包括夜间的热量，维持蔬菜正常生长的温室，统称为日光温室。高效节能温室是指在严冬季节能够进行喜温果菜类反季节的日光温室。高效节能日光温室蔬菜生产，是以充分利用太阳辐射热为前提，而不是以人工加温为手段，所以通常不需要加温。但是不排除在遇到特殊寒流和罕见极端低温的灾害性天气时，进行临时人工辅助加温，以渡过难关。

2. 日光温室黄瓜栽培的主要茬口有哪些？

日光温室黄瓜栽培主要有早春茬（冬春茬）、秋冬茬和越冬茬（一年一大茬）。

（1）早春茬　日光温室早春茬黄瓜栽培的目的在于早春提早上市，解决早春蔬菜淡季问题。日光温室早春茬黄瓜上市期比大棚黄瓜提早45～60天，一般12月下旬播种，翌年2月中旬定植，3月中旬开始采收，6月下旬拔秧。早春茬黄瓜是北方地区栽培面积最大，也是效益最

高的栽培茬口。

(2)秋冬茬　日光温室秋冬茬黄瓜栽培的目的在于延长供应期,解决深秋及初冬蔬菜淡季问题。日光温室秋冬茬黄瓜比大棚秋延后黄瓜供应期长30～45天,一般8月下旬至9月上旬播种,9月下旬定植,10月中旬始收,翌年元旦过后基本拉秧。

(3)越冬茬　日光温室越冬茬黄瓜栽培,一般10月上旬播种,11月中下旬定植,12月下旬始收,翌年6月份拔秧。越冬茬黄瓜栽培经历一年之中日照最差、温度最低的季节,幼苗期在初冬度过,初瓜期在严冬季节,采收期跨越冬、春、夏3个季节,整个生育期达8个月以上,采收期长达150～200天。是设施黄瓜栽培茬口中技术难度较大,要求比较严格,经济和社会效益最好的一茬。

3. 日光温室冬春茬黄瓜栽培的特点是什么?

日光温室冬春茬黄瓜栽培于深冬季节育苗,翌年早春开始收获,春末夏初结束,解决了大棚黄瓜上市前的市场供应,是农民增收致富的好途径。冬春茬黄瓜结瓜期处于春季和初夏季节,栽培技术较越冬茬容易,风险相对较小。但育苗期正值一年中最寒冷的季节,日光温室小气候具有低温高湿的特点,特别是连续阴雨雪天气,必须千方百计防寒保温,并加强病害防治,培育适龄壮苗,是优质高产的关键技术。

4. 日光温室早春茬黄瓜应选择哪些品种?怎样确定适播期?

日光温室早春茬黄瓜栽培,目前多采用嫁接育苗,对

接穗黄瓜品种要求严格。黄瓜品种必须具备耐低温弱光的特点，使之能适应日光温室的小气候环境；同时，要求早熟性好，第一雌花节位较低，瓜码较密，单性结实能力强，有较强抗病能力。生产中可选用津优3号、中农21号、中农27号、津优35号、冀美福星等品种。

播种期依据定植期向前推加苗龄进行计算。定植期主要依据日光温室设施的性能、当地及当年气候条件而定。华北地区节能日光温室冬春茬黄瓜定植期一般在2月上中旬，条件差的温室可推迟至2月下旬至3月上旬。日光温室冬春茬黄瓜一般12月下旬至翌年1月上旬在日光温室播种育苗，采用嫁接育苗方法，用黄籽南瓜作砧木，黄瓜、南瓜可同时播种，也可黄瓜早播1～2天。为提高温度，苗床可铺设电热线（嫁接及苗床管理参考育苗部分）。

5. 日光温室冬春茬黄瓜定植前如何进行整地施基肥？

冬春茬黄瓜要施足基肥，基肥以腐熟秸秆堆肥、牛马粪、鸡禽粪、猪圈粪、粪稀（粪稀宜在扣膜前灌施）及废弃食用菌培养料等有机肥为主。一般每667米^{2}施有机肥3～5米^3、过磷酸钙100千克或磷酸二铵30～50千克、生物肥40～50千克。基肥多时宜撒施，较少时可2/3撒施，1/3沟施。地面撒施后深翻2遍，再按行距开沟，将剩余肥料施入沟里，与土充分混匀。做高垄，垄高15厘米、上宽70厘米、下宽80厘米，垄距80厘米，每垄栽2行，株距25～30厘米，每667米^{2}栽植3 300～3 500株。

6. 怎样确定日光温室冬春茬黄瓜的定植期？定植时应注意哪些问题？

日光温室冬春茬黄瓜一般 2 月中下旬至 3 月上旬定植，生产中具体定植时间还要考虑日光温室内的小气候是否能够满足黄瓜生长发育的要求。一般黄瓜根毛发生最低温度为 12℃，因此应掌握在距温室前沿 30～40 厘米处的 10 厘米地温连续 3～4 天稳定在 12℃以上时定植，若定植后扣小拱棚或覆地膜，可在 10 厘米地温稳定在 10℃时定植。

定植宜选“阴尾晴头”天气的晴天上午进行。将秧苗按大、中、小分级，搬运到定植垄旁，从整个温室来看，大苗应栽植到东西两头和温室前部，小苗宜栽植到温室中间；从一行来看，应大苗在前，小苗在后，一般苗居中，这样有利于秧苗生长整齐一致。定植时可按株距开穴或按垄开沟，在穴内或沟里浇足定植水，水渗后栽苗封坑(沟)。黄瓜应浅栽，封土后苗坨与垄面持平即可，嫁接刀口应距地面 2 厘米，注意不能把嫁接口埋到土里。定植后及时覆盖地膜，也可先覆膜后定植。由于温室前面光照强后面光照弱，栽苗时要掌握前面密植后面稀植，以利不同部位的秧苗获得基本相同的光照条件。

7. 日光温室冬春茬黄瓜定植后怎样进行苗期管理？

定植后到心叶开始生长叫缓苗期，缓苗期一般不通风，室温要高，白天温度力争达到 35℃，夜间不低于 16℃。定植后 4～5 天心叶开始生长时浇足缓苗水，此后控水蹲

苗，以控为主，控中有促。根瓜开始膨大，即瓜长 15 厘米左右时浇水，蹲苗结束。这次浇水很关键，早了植株易徒长，晚了茎叶生长受到抑制。

8. 日光温室冬春茬黄瓜怎样进行吊蔓?

黄瓜定植后 7 天左右，植株渐倒伏前要进行吊蔓。多采用聚乙烯塑料绳吊蔓，操作简便，成本低，更重要的是遮光面小。方法是在栽植黄瓜的南北垄上端，南北拉一道细铁丝，铁丝强度要高，以免被瓜秧拉断。根据准备放蔓长度预留好塑料绳长度，把吊绳上端固定在铁丝上，下端拴在黄瓜植株下胚轴上，将蔓引到吊绳上。日光温室冬春茬黄瓜以主蔓结瓜为主，整个生育期不摘心，主蔓可高达 5 米以上，因此要进行 3 次以上落绳。对已绑好的蔓不松绑，2 个垄的瓜蔓可以呈顺时针或逆时针方向旋转，所以固定在上端铁丝上的吊绳要留长一些，以备落蔓时用。

9. 日光温室冬春茬黄瓜怎样进行水分管理?

日光温室冬春茬黄瓜水分管理主要依据黄瓜不同生育阶段及不同季节而不同。定植后整个生育期大体分为 4 个时期：①定植后 10 天左右，以促缓苗为主要目标，对土壤含水量要求较高，土壤绝对含水量应达 25%以上、相对含水量 75%左右。②缓苗后至采瓜初期需 40～50 天，以保水保温、控秧促根为主要目标，对土壤含水量要求不高，土壤绝对含水量 20%左右、相对含水量 60%左右即可。③采瓜初期至结瓜盛期需 80 天左右，此期大量结

瓜，必须协调营养生长与生殖生长平衡，所以要求土壤含水量高些、土壤相对含水量65%左右。如果植株长势旺，结瓜正常且不缺水时，可推迟到根瓜采收前浇水；相反，则应提早浇水。④结瓜中后期，由结瓜盛期走向衰弱期，外温升高，为防止早衰，延长生育期，土壤绝对含水量应达25%以上、相对含水量65%～70%。

10. 日光温室冬春茬黄瓜怎样进行植株调整？

日光温室冬春茬黄瓜嫁接栽培，砧木容易萌生枝叶，发现后应及时摘除。由于肥水充足，结瓜期容易发生侧枝，在栽培密度较大的情况下，不但消耗养分，还影响光照，容易引起徒长，应结合绑（缠）蔓及时摘除；在密度较小和枝叶不够繁茂的情况下，可保留5节以上的侧枝结1条瓜，在瓜前留2片叶摘心，瓜采收后将侧枝打掉。在绑蔓的同时摘除雄花、卷须和砧木发出的侧枝，以及化瓜、弯瓜、畸形瓜。植株底部的病叶、老叶及时打掉，既能减少养分消耗，又有利于通风透光，还能减少病害发生和传播。

11. 日光温室黄瓜落蔓需注意哪些问题？

温室黄瓜的生育期比较长，植株过高，顶到棚顶薄膜时，应进行落蔓。温室黄瓜落蔓应注意的问题：①黄瓜落蔓前7～10天最好不浇水，以降低茎蔓组织的含水量，并增强韧性，防止落蔓时造成瓜蔓断裂。落蔓前先将下部叶片和果实摘掉，防止落地的叶片和果实发病后，作为病源传播侵染其他叶片和果实。②落蔓要选择晴天的上午

10时后或浇水前进行。落蔓时动作要轻，不能硬拉硬拽，要顺着茎蔓的弯向引蔓下落。盘绕茎蔓时，要随着茎蔓的弯向把茎蔓打弯，不要硬打弯或反向打弯，以免折断或扭裂茎蔓。瓜蔓要落到地膜上，不要落到土壤表面，以免茎蔓在土中生不定根，失去嫁接的意义。瓜蔓下落高度一般为0.5～1米，保持有叶茎蔓距垄面15厘米左右，龙头高度和朝向要整齐一致，以使受光热面均匀。③落蔓后加强肥水管理，促发新叶，追肥以膜下沟冲施肥法为宜。同时，要根据黄瓜常发病害的种类，选用相应的药剂喷洒预防。落蔓后的几天里，要适当提高温室内的温度，促进茎蔓伤口愈合。落蔓后茎蔓下部萌发的侧枝要及时抹掉，以免与主茎争夺营养。④采用新式落蔓的不松绑已被缠绕的茎蔓，只需解开固定在铁丝上的吊绳的活扣，茎蔓顺垄同向落下即可，省工且不会折断茎蔓，不影响正常结瓜。

12. 日光温室冬春茬黄瓜结瓜期怎样进行管理？

（1）水分管理　结瓜初期一般5～6天浇1次水。早春时，阴天、下午、晚上及温度高的中午一般不浇水，浇水宜在晴天的早晨或上午进行。4月下旬以后气温已高，进入盛瓜期，一般3～4天浇1次水，浇水宜在晚上进行。浇水在采瓜前进行，有利于果实增重和提高鲜嫩程度；采收后浇水则会把秧上的嫩瓜顶掉。

（2）追肥　一般结合浇水进行追肥。在根瓜膨大后开始追肥，每10～12天追1次肥，每667米^{2}可施尿素15～20千克或硝酸铵20～25千克，也可追施腐熟的人粪

尿、饼肥等有机肥。追肥掌握薄施勤施的原则。

(3)温度管理　合理掌握揭盖草苫的时间,是防寒、保温和提高温室光照状况的有效措施,揭盖草苫时间应随季节和天气变化而定。可实行四段变温管理,即午前温度为26℃～28℃、午后逐渐降低至20℃～22℃、前半夜降至15℃～17℃、后半夜降至10℃～12℃。夜温应保持12℃左右,最低要确保10℃以上。春季应早揭晚盖草苫,以尽量争取光照。

(4)通风换气　通风换气可调节室内的温湿度和气体状况。冬季当室温比黄瓜所需适温高2℃以上时,方可开始开天窗通风。开、闭天窗时,应随着室内外气温的变化,由小到大,再由大到小,防止冷风直入,伤害植株。通风换气不仅有排湿降温的作用,还有排出室内有害气体和调节二氧化碳含量的作用。

13. 怎样判断黄瓜生长发育状况是否正常?

日光温室冬春茬黄瓜在生育期中,栽培管理措施是否适宜,可以从植株形态上表现出来:

(1)初花期形态表现　在温、光、水、肥、气等条件适宜的情况下,正常植株,砧木和接穗子叶完整无损,茎较粗、浓绿色、棱角分明,心叶舒展,刚毛发达,龙头中各小叶片比例适中,雌花花瓣大、鲜黄色,正在膨大的瓜条表面刺瘤饱满而有光泽,叶片形状与幼苗期相似。

(2)结瓜期形态表现　经过初花期的促根控秧的冬春茬黄瓜,正常植株茎蔓节间长8～10厘米,叶柄长为节间长的1.5～2倍,节间长短均匀一致,叶柄与茎呈45°

角，叶片平展，单株叶面积不超过 400 厘米^2，以 350 厘米^{2}左右为宜。

14. 日光温室秋冬茬黄瓜的栽培特点是什么？宜选择哪些品种？

日光温室黄瓜秋冬茬栽培，是衔接大中拱棚秋延后和日光温室冬春茬黄瓜生产的茬口安排，是北方地区黄瓜周年供应的重要栽培模式。这茬黄瓜一般在 8 月上中旬播种，采用嫁接育苗，9 月份定植。苗期处于炎热多雨季节，生长后期处于低温、弱光季节。因此，必须选用耐热、抗病、抗寒、生长势强、适应性好的抗病品种，不要求早熟，强调中后期产量高，生产中宜选择如冀杂 1 号、冀杂 3 号、津绿 3 号、津优 30 号、园春 3 号等品种。

15. 提高日光温室秋冬茬黄瓜瓜码密度和降低结瓜节位的方法是什么？

(1)培育无病壮苗　秋冬茬黄瓜可采用催芽直播的方法，直播虽省工，但秧苗分散，管理不便，而且秋季阴雨多易感病。因此，生产中应采用嫁接育苗方法，播种前进行种子消毒，培育无病壮苗。

(2)秧苗处理　秋冬茬黄瓜育苗期花芽分化期间基本上处于高夜温(15℃)、长日照(12 小时以上)的条件下不利于雌花的分化与形成，植株常常表现为徒长，因此雌花出现晚，节位高且数量少。为提高雌花分化率，一般可在幼苗 2 叶期用 100～200 毫克/升的乙烯利(1 升水加 0.2 克乙烯利)溶液喷洒 1 次，但切不可使浓度过大。育

苗期间温度高、蒸发量大，应及时补充水分，待苗长到3叶1心时及时定植。

16. 日光温室秋冬茬黄瓜定植前如何整地施基肥？

结合整地每667米^{2}施含有机质多的堆肥、圈肥、鸡粪、人粪稀等腐熟有机肥1万千克、过磷酸钙100～200千克、碳酸氢铵60千克或磷酸二铵50～100千克、饼肥200～300千克、草木灰150千克。基肥在使用时，最好普施和沟施相结合，将2/3肥料普遍撒施，人工深翻2遍，深度为30～40厘米，搂平后，按大行80厘米、小行60厘米南北向开沟。将剩余的1/3肥料施入沟内，与土壤充分混合均匀，防止烧根。将沟用土填满搂平，在原来的沟上按大小行距起垄，宽行80厘米、窄行60厘米，垄高10～15厘米，垄宽40厘米。宽行的垄沟宽40厘米，供行人和田间操作用；窄行的垄沟宽20厘米，供浇水用。土壤墒情不好时，起垄前要先浇水。

17. 日光温室秋冬茬黄瓜定植前如何进行棚室消毒处理？

整好地后随即扣棚膜，特别是多年重茬的老棚，需要进行高温闷棚处理。方法是先在地面开沟，灌透水，每平方米用1.5%菌线威可湿性粉剂0.3～0.5克对水成为3 500～7 000倍液，均匀喷于地表后覆盖地膜。在走道上再进行药剂熏蒸，每667米^{2}用80%敌敌畏乳油250克拌上干锯末1千克，与2～3千克硫磺粉混合后分10处点燃，密封棚室让太阳光暴晒7～10天，晴天室内温度达

50 ℃以上，可将空间和土壤的病菌虫卵杀灭，尤其是土传病害和丝虫病可得到较好的控制。播种育苗前7天进行通风换气。

18. 日光温室秋冬茬黄瓜定植方法和应注意的问题是什么？

秋冬茬黄瓜进入冬季后，温光条件逐渐变差，若种植过密相互遮挡，植株易早衰，影响产量。因此，定植密度不可过大，一般采取双行稀植，宽行80厘米，窄行50厘米，每667米^{2}保苗3 500株左右。定植时，在起好的垄上开深为10厘米的沟，按30厘米的株距摆苗，然后浇水，水渗后封掩，土坨一定要与土壤紧密接触，不能有空隙。定植时注意问题：①土坨要大，以减少伤根。②秧苗按大小分开，大苗栽到温室前部和两头，小苗栽到中后部，栽苗时要选优去劣。③土坨苗要轻拿轻放，秧苗放入穴后，不能用力压土坨，防止散坨伤根。④埋土不能太深，掌握覆土后土坨与埂面相平即可。

19. 日光温室秋冬茬黄瓜定植后怎样进行田间管理？

（1）温度管理　定植缓苗后进入10月初，气温开始下降，10月上中旬扣膜。扣膜后棚温高，湿度大，易引起瓜秧旺长或病害发生，因此要注意大通风。一般晴天白天温度保持25℃～30℃、夜间13℃～15℃，阴天白天温度保持20℃～22℃、夜间10℃～13℃，昼夜温差保持在10℃以上。随着气温的下降，要逐渐减少通风量。12月下旬夜间开始出现霜冻，要逐渐加盖草苫，进入盛瓜期

前，一定要控制好夜温，防止化瓜。立冬后，气温下降快，日照变短，应尽量延长见光时间，早揭、晚盖草苫。12 月份至翌年 1 月份，是一年中最冷的季节，应注意保温，晴天白天上午 10 时至下午 2 时，室温应在 25℃以上，甚至可达 32℃；夜间最低气温控制在 8℃～10℃。同时，还应注意防止徒长。

（2）肥水管理　定植后 9～10 天浇 1 次缓苗水，根瓜坐稳后进行第一次追肥，每 667 米^2 追施尿素 15 千克。以后每隔 5 天左右浇 1 次小水，每隔 10 天左右追 1 次肥，每次每 667 米^2 追施尿素 20 千克、硫酸钾 5～10 千克。11 月下旬后，要节制肥水；否则，会因地温低、根系吸收能力弱，遇连续阴天而发生沤根。此期可叶面喷施 0.2%磷酸二氢钾溶液，以达到补肥的目的。

（3）植株调整　秧苗长至 6～7 片叶时进行吊蔓，植株基部出现的侧枝应及时去掉，以免影响主蔓结瓜；中部出现的侧枝要在坐瓜前留 2 叶摘心，以利于坐瓜；对下部开始失去功能的老叶、病叶要及时打掉，并进行落蔓，以利于改善室内通风透光条件。当主蔓长至架顶时打顶，促使多结回头瓜。

（4）病虫害防治　此茬黄瓜前期病虫害发生频繁，要早发现早防治。虫害防治可在防风口设置防虫网，棚内张挂黄板诱杀，以预防为主。扣棚膜后，病虫害防治时尽量使用烟剂，以免增大棚内湿度，加重病情。

（5）采收及注意事项　为了提高日光温室秋黄瓜的产量和效益，应根据植株生长状况、市场行情等采取相应

管理措施，进行合理采收。

①根据植株生长状况采收　根瓜应适当早采，若植株弱小，可将根瓜在幼小时就疏掉。腰瓜和顶瓜应在瓜条长足时采收。1条瓜要不要摘，首先看采瓜后对瓜秧的影响，如果这条瓜的上部没有坐住的瓜，瓜秧长势又很旺盛，采收后就可能出现瓜秧徒长，那么这条瓜就应推迟几天采收；如果瓜秧长势弱，这棵秧上稍大些的瓜可提前采收，通过采瓜来调节植株生长势，使营养生长和生殖生长平衡进行。

②根据市场行情采收　秋冬茬黄瓜一般天气越冷价格越高。为了促进秧苗生长，提高价格高时的产量，前期瓜多时可人为地疏去一部分小瓜，11月份天气好可适当多采瓜，12月份后光照少、气温低、生长慢，摘瓜宜少，尽量保持一部分生长正常的瓜条延后采收，以提高经济效益。

③根据采瓜后是否贮藏采收　这茬瓜在采收前期，露地秋延后和大棚秋延后黄瓜还有一定的上市量，为了不与其争夺市场，可将采下的瓜进行短期贮藏。贮藏黄瓜应在初熟期和适熟期进行采收，不能在过熟期采收；否则，在贮藏过程中，黄瓜易出现失水黄衰。采后直接到市场出售的黄瓜，可在适熟期和过熟期采收，让瓜条长足个头，增加单瓜重量，以提高产量。

20. 日光温室越冬茬（一年一大茬）黄瓜的栽培特点是什么？

越冬茬黄瓜栽培是指在日光温室中，秋季播种，冬季

开始采收，直到翌年春末夏初结束的黄瓜栽培茬口，又称为一年一大茬。越冬茬黄瓜生产经历一年之中日照最差、温度最低的季节，全生育期达8个月以上，是设施黄瓜栽培中技术难度大、要求严格、经济和社会效益最好的茬口。

21. 日光温室越冬茬黄瓜栽培应具备哪些基本条件?

利用日光温室进行越冬茬黄瓜栽培立足于不加温或基本不加温(有限度的临时性补温)，因此对温室的建造和管理要求严格。日光温室墙体厚度一般要达到当地最大冻土层厚度的1.5倍，目前生产中多采用墙体厚1米以上、畦面下卧0.5～1米、草苫及保温被等覆盖物保温性能好的半地下式日光温室。无论采用什么结构形式的高效节能日光温室，在严冬季节室内温度必须满足黄瓜生长发育最基本的需要。在正常管理条件下，室内最低温度应不低于8℃。在高寒和日照条件差的地区，可采取临时补温措施，保证室内温度达到最低界限温度或高出1℃～2℃。

22. 日光温室越冬茬黄瓜栽培宜选择什么品种? 怎样确定育苗播种期?

(1)品种选择　日光温室越冬茬黄瓜均采用嫁接苗，对接穗黄瓜品种要求严格，要选择适宜越冬茬日光温室栽培的品种。要求品种耐低温弱光，且具有植株长势强、不易徒长、分枝少、雌花节位低、节成性好、瓜条品质高、高产抗病等特性。生产中可选择冀杂2号、中农19号、津

优35号、强大黄瓜王、博新、博纳等品种。

（2）播种期确定　日光温室越冬茬黄瓜一般苗龄为40天左右，定植后35天左右开始采收，从播种至采收需要70天左右。越冬茬黄瓜一般要求在元旦前后开始采收，春节前后进入产量的高峰期，由此推算正常的播种期应在10月上中旬；而且此期播种育苗有利于嫁接伤口愈合，在严冬到来以前瓜秧已起身，为越冬抗寒及丰产奠定了基础。为了提高冬前产量、降低越冬茬风险，也可把播种期提前至8月底至9月上旬。播种过早，前期棚内温度偏高不易控制，易造成幼苗徒长，秧苗抗逆性差；播种过晚，秧苗难以抵御12月份至翌年1月份的低温寡照等恶劣天气的危害。

23. 日光温室越冬茬黄瓜定植前应做好哪些准备？

日光温室越冬茬黄瓜要施足基肥，定植前结合整地每667米^{2}施优质农家肥3～5米^3、充分腐熟鸡粪2～3米^3、磷酸二铵30～50千克，深翻30厘米，整细耙平。做高10～15厘米、上宽70～80厘米的高畦，畦间距90～100厘米，采用大小行栽培，畦面覆地膜（或定植后覆地膜），有条件的地膜下铺设滴灌管道。定植前15～20天、10月下旬扣棚，定植前1周每667米^{2}用硫磺粉2～3千克、80％敌敌畏乳油0.25千克，拌适量锯末，分堆点燃后密闭棚室1昼夜，经通风无味后即可定植。也可在定植前利用太阳能高温闷棚。为预防病虫害，可在扣棚时通风口用20～30目尼龙网纱密封，防止蚜虫、白粉虱进入。

24. 日光温室越冬茬黄瓜的定植方法及注意事项是什么?

该茬黄瓜一般于11月中旬定植。每畦定植2行,在畦面开沟或挖穴定植,定植时在沟内或穴内浇足水,待水渗后放苗坨封沟、穴,定植株距27～30厘米,每667米^{2}栽3 300～3 500株。注意黄瓜定植要浅,嫁接口不能浸水,培土后保证嫁接口距地面2厘米以上。定植3天后选晴天的中午覆地膜,没有滴灌条件的可在畦面中间留暗灌沟,保证暗灌水顺畅。此外,日光温室越冬茬黄瓜一般采用地膜覆盖栽培,过去人们习惯先覆膜后定植,或定植后随即覆膜。实际上这样做不利于嫁接苗根系深扎,降低了植株抗寒、耐低温的能力。因定植时地温还较高可不覆膜,定植后反复进行中耕锄划,尽量促进根系深扎,可在定植后15天左右覆盖地膜。

25. 日光温室越冬茬黄瓜定植后怎样进行田间管理?

(1)追肥　越冬茬黄瓜结瓜期长达4～5个月,需肥总量多,但每次的追肥量又不宜过大。这时因为砧木南瓜根系吸肥能力强,一次施肥多了容易引起茎叶徒长;在冬季的一大段时间里,黄瓜的生长量不大,又不能多浇水,追肥量大时极易引起土壤浓度过大,而形成浓度障碍。越冬茬黄瓜追肥应按下面的规律进行:第一次摘瓜后追1次肥,每667米^{2}追施尿素或硝酸铵20～30千克;低温期一般15天左右追1次肥,每次每667米^{2}追硝酸铵10～15千克;严冬时节要特别注意叶面喷肥绝对不可

过于频繁，否则会造成药害和肥害；春节过后每 667 米^2 追施腐熟牛粪 1 500 千克，或鸡粪 1 000 千克；春季进入结瓜旺盛期后，追肥间隔时间要逐渐缩短，追肥量要逐渐增大，每 667 米^2 每次可追尿素 15～20 千克；结瓜高峰期过后，植株开始衰老，追肥次数和施肥量应适当减少，可根据植株生长和结瓜情况，浇 2 次水施 1 次肥，以促使茎叶养分向根部回流，使根系得到一定恢复，延长结瓜期。

（2）温度管理　定植后的缓苗期尽量提高室内温度，促进新根生长，以利于缓苗。一般白天温度保持 25℃～28℃、夜间 13℃～15℃，寒冷天气应加强保温覆盖。缓苗后至根瓜采收前，实行四段变温管理，即午前温度保持为 26℃～28℃、午后逐渐降低至20℃～22℃、前半夜降至 15℃～17℃、后半夜降至 10℃～12℃。结瓜期也采用四段变温管理，即午前温度保持 28℃～30℃、午后 22℃～24℃、前半夜 17℃～19℃、后半夜 12℃～14℃。后期加强通风，避免高温。

（3）水分管理　定植水、缓苗水浇足，之后适当控水保墒、提高地温，促进根系发展。结瓜以后，一般 7 天左右浇 1 次水，严冬时节即将到来，浇水量要相对减少，浇水不当易降低地温和诱发病害。随天气越来越冷，浇水间隔时间可逐渐延长至 10～12 天。浇水一定要在晴天的上午进行，这是因为：一是水温和地温更接近，根受刺激小。二是有时间通风排湿，在中午强光下可使地温得到恢复。春季黄瓜进入结瓜盛期，需水量明显增加，就不能只限于膜下暗灌，应逐沟浇水。浇水间隔时间随管理

温度不同而定，常规温度条件下（白天25℃～28℃、不超过32℃，夜间14℃～18℃），一般4～5天浇1次水；温度偏高的，根据情况可以2～3天浇1次水。嫁接苗根系扎得深，不能像黄瓜自根苗那样采用轻轻浇水的办法，需要每间隔一定时间适当地加大1次浇水量，把水浇透，以保证深层根系的水分供应。

生产中浇水间隔时间和浇水量的具体调控，可根据黄瓜植株的长相、果实膨大增重量和某些器官的表现来权衡判断。瓜秧深绿色，叶片有光泽，龙头舒展是肥水合适的表现；卷须呈弧状，叶柄和主茎之间的夹角大于45°，中午叶片有下垂现象，是水分不足的表现。

(4)空气湿度调节　空气湿度的调节原则是，嫁接后到缓苗期宜高，空气相对湿度达到90%左右为好；结瓜前适当高些，一般掌握在80%左右，以保证茎叶的正常生长，尽快地搭起丰产的架子；深冬季节掌握在70%左右，以适应低温寡照的条件和防止低温高湿下多种病害的发生；入春转暖以后，空气相对湿度要逐渐提高，盛瓜期要达到90%左右，此期原来覆盖在地面的地膜要逐渐撤掉，而且大小行间都要浇明水，这是因高温时必须与高湿相配合，否则高温危害，不利于黄瓜正常生长发育。

(5)通风管理　定植后封闭温室，增温保湿，促进缓苗。缓苗后根据温度调整和交换气体的需要进行通风，但随着天气变冷，通风要逐渐减少。冬季为排除室内湿气、有害气体和调整温度也需要通风，但由于外温低，冷风直吹植株或通风量过大时，易使黄瓜受到冷害甚至冻

害。所以，冬季通风一般只开启上通风口，而且通风时注意检查室温变化，防止温度过低。春季天气逐渐变暖，室内温度越来越高，有害气体的积累也越来越多，为了调整温度和交换空气要求逐渐地加大通风量。春季通风一定要和预防黄瓜霜霉病结合起来，首先只能从温室的高处（原则不低于 1.7 米）开口通风，不能通底风，棚膜的破损口要随时修补好，下雨时要立即封闭通风口，以防霜霉病孢子进入室内。另外，考虑到超过 32℃的高温有抑制霜霉病孢子萌发的作用这一特点，当外界夜温稳定在 14℃～16℃时，可以彻夜进行通风，但要防雨入室内。

（6）吊蔓与落蔓　日光温室越冬茬黄瓜栽培，为了促进发育，保持根系旺盛的生命力，多采取不打顶任其自然生长的方法。一般茎蔓可长至 40～50 节，由于温室高度有限，生产中每隔一段时间就要把瓜蔓落下来。为了落蔓方便，一般采用尼龙线或布条吊蔓，这样可大大减少架材遮阴。吊蔓用的尼龙线应在上部多留出一部分，以便落蔓时续用。吊蔓与落蔓时操作要轻，一次下落不要过多，更不要损伤叶片。要使叶片在空间分布均匀，不互相遮挡，同时还要摘除下部病黄叶、侧枝、卷须、雄花、畸形瓜和病瓜等。摘叶并不是一项必要的措施，生长比较好和比较完整的叶片一般不要轻易打掉，一次打叶一般不超过 2～3 片，应尽量保持每株有 20 片左右的功能叶片。

（7）采收注意问题　黄瓜嫁接育苗时温度较低、日照较短，有利于雌花分化，而且由于嫁接进行切口，使营养生长一时受到抑制，生殖生长得以发展，往往雌花发生的

早且多，影响瓜秧生长。如果定植后再遇上低温连阴天，这一情况会更加严重。因此，要下狠心及早采摘下部的瓜，必要时还要把部分或大部分（有时是全部）的瓜纽疏掉，以保证瓜秧正常生长，为以后产量打好基础。结瓜初期要适当早摘、勤摘，严防瓜坠秧。低温寡照到来以后，植株制造的养分有限，瓜坠秧现象更容易出现，也必须强调早摘、勤摘。接近春节时采摘的瓜，可以采用保鲜法进行贮藏，以便到春节集中供应。春暖以后，更要勤摘、早摘，充分发挥优良品种的增产潜力。

（二）疑难问题

1. 影响日光温室采光的因素及提高采光性能的方法是什么？

（1）影响因素　影响温室采光的因素主要取决于纬度、季节、天气状况和温室结构，前3个因素是自然现象，非人力所控制，而后者则可由人为掌控，温室设计建造水平不同、结构不同，室内光照状况有很大差别。温室光照性能与温室方位、屋面角度、建筑材料遮阴面大小、塑料薄膜透光能力及污染、水滴、老化度等因素有关。

（2）提高光照性能方法　提高温室光照性能的方法，主要是选用科学的温室结构，处理好温室方位及屋面方位角度，科学选用骨架材料、温室形状及塑料薄膜等。

①温室方位　我国温室一般采用坐北朝南、东西延长的方位，偏东、偏西均以5℃为宜，不宜超过10℃，否则

影响光照时数。

②前屋(坡)面角度与透光　前屋(坡)面角度大小与温室透光率有直接关系,采光面角度(前屋面与地面交角)越大,阳光越接近直射薄膜面,反射损失越小,透过率越高。

③骨架材料与采光　建筑材料断面越大光入射率越小,现有的建筑材料中用钢管做骨架,其断面最小、遮光最少,木框(杆)次之,水泥预制件最差。

④温室前屋面形状与采光　目前我国各地温室类型较多,温室跨度、后坡长度、后墙高度等规格不一。越冬茬黄瓜栽培应用高效节能型日光温室,其跨度8～10米、高2.5～3米、下卧0.5～1米、后墙高1.8～2米、短后坡1.4～1.6米,前屋面为拱圆形或琴弦式,透光性能较好。

⑤塑料薄膜等覆盖物与采光　北方日光温室,基本上都是采用塑料薄膜作为采光屋面的透明覆盖材料,选择使用好的塑料薄膜会显著提高日光温室的采光效果。在使用过程中,薄膜的污染、老化和水滴多少也对透光率有较大影响。生产中应采用透光率高的长寿无滴膜,注意及时清除尘埃的污染、经常保持薄膜清洁。在不降低棚内温度的情况下,尽量早揭晚盖草苫和保温被,阴天也要揭开以增加棚内光照;还可在温室后墙张挂反光幕,提高光照强度。

2. 影响温室保温的因素及提高保温性能的方法是什么?

(1)影响因素　日光温室的热源来自太阳辐射,太阳

以短波辐射的形式透入日光温室并被室内地面、植物体、墙体以及室内的空气、设备和其他构件吸收，只有少部分被反射到室外。在设计温室时，白天吸收热量要多，晚间失掉热量要少，这样热量贮存得多，夜间降温缓慢，才能保证作物正常生长发育的需要。通常温室内所得到的太阳辐射热是以下列途径向外散失：温室覆盖表面的贯流放热量；室内土壤的地中传热量；通过缝隙或通风口放出热量；水分蒸发、蒸腾、凝结等潜热传热量；作物生长所需要的热量。

（2）提高温室保温性能的方法　提高温室保温性能，要求温室各部位必须严密，在建造温室时，主要采取以下措施：①温室后墙和后坡是寒风侵袭的主要部位，对室内温度影响很大。要求墙厚50～60厘米，墙外培土厚80～100厘米，最好砌成空心墙。同时，还可在温室后墙外加设风障，以减弱风势。②温室前坡面白天是温室热量主要来源，又是放热的主要部位。夜间可采用纸被和草苫覆盖前坡，有的采用双层草苫覆盖，或采用棉被覆盖。③在温室前窗外侧（距前窗10厘米）设防寒沟，防止室内土壤向外传热。一般防寒沟深30～40厘米、宽30厘米，沟内填炉渣、乱草、马粪、稻壳，沟顶盖严，可有效防止地温散失。

3. 影响冬季保护地黄瓜高产的因素及应注意的问题是什么？

（1）影响因素　①保护地设施建造不合理，采光性能和贮热保温性能差，如有些保护地设施的跨度与高度比

例不适宜，采光和保温性能不良，升温慢、棚温较低，是造成冬季黄瓜不能高产稳产的主要因素。②栽培品种与季节不适宜。③播种期不适宜，产量高峰推迟。由于受灾害性天气、病害和管理技术等因素影响较大，使得预想的产量高峰与实际产量高峰在时间上有差距，即使中后期产量高，也难以实现高效益。④栽培管理技术不当。黄瓜的结瓜习性和雌、雄花比例，除受品种遗传性制约外，还受温度、光照、营养、水分和气体成分的影响较大。因此，栽培管理技术不当，不能满足黄瓜各生育阶段的不同要求时，则影响产量。

（2）应注意的问题　①有机肥必须充分腐熟。施用未经充分腐熟的有机肥遇高温会很快发酵，在发酵过程中会产生大量的氨气，轻者叶片出现水渍状斑点，重者使棚室内所有黄瓜植株叶片褐变枯死。②严禁大量施用氮肥。这是因为氮肥遇水后在分解过程中会使水温大幅度下降，从而使地温降低，影响黄瓜植株的正常生长。同时，如果氮肥用量过大，也容易造成氨气中毒。③定植时肥料不能集中施用，这是因为各种化肥，特别是氮肥，在高温、潮湿时，会产生大量的有害气体，如集中施在定植沟内，会导致黄瓜烧根死苗。④定植不能过深。这是因为黄瓜嫁接是为了抗病，如果定植过深，黄瓜会生出再生根而失去嫁接作用，达不到嫁接防病的目的。⑤阴雨雪天要注意及时揭草苫，使植株接受散射光，否则会使棚室内的温度慢慢下降。⑥喷药应在晴天上午进行，中午、傍晚不能喷药。这是因为中午室内温度太高，叶片水分蒸

腾快，喷药后药液还未被吸收就晒干了，特别是锰、锌类药，不仅降低了药效，还会造成药害。傍晚喷药正好和中午相反，喷药后叶片不能完全吸收，会因受潮而分解失效，不仅达不到防治的目的，还会因喷药增加了棚室内的湿度而加重病害的发生。

4. 日光温室越冬茬黄瓜低温障碍的原因及危害症状是什么？

日光温室越冬茬黄瓜低温障碍，是指黄瓜在生育的过程中遇到了连续长期低于生育适温或短期低温的影响，使黄瓜发生生理性障碍，延迟生育期或造成减产。由于低温危害的症状与某些病害不易区分，菜农常将低温障碍当做侵染性病害防治，往往在管理上出现误区，给经济上带来更大的损失。

持续低温特别是连阴雾雪天气，当日光温室的地温降到黄瓜根系适宜温度下限(12℃)以下时，根毛不再发生，根不再伸长。随着地温的持续下降，根系就受到伤害，发生寒根或沤根现象。受到低温冷害的黄瓜植株一般表现为矮小，节间变短，出现花朵簇生的“花打顶”现象。严重时生长点被花器包围，生长停滞、萎缩或消失。日光温室冬春茬、大棚春提早和春露地黄瓜定植过早时，不发生新根，叶片从下到上逐渐干枯的现象，也属低温冷害所致。

叶片受到轻微冻害时，子叶期表现为叶缘失绿，有镶白边的现象，温度恢复后不会影响以后真叶的生长。定植后受到冻害，植株部分叶片的叶缘呈暗绿色、水渍状，

严重时整个叶片黄化并逐渐干枯，瓜条膨大受抑制，龙头呈开花状；根对硼的吸收力下降，引起缺硼症，表现为生长点停止生长。多铵、多钾、多钙、多磷可阻碍植株对镁的吸收，而低温则可促进缺镁症状的发生。缺镁时，叶脉间叶肉完全褪绿黄化或白化，与叶脉保存的绿色呈现鲜明对比；上部叶片焦边。连阴雾天气时间长，地温下降剧烈，如若土壤水分过大，植株会发生沤根现象。沤根后发生的新叶会出现焦边，高湿条件下叶边也会腐烂。

生长点受害往往是遭遇寒流袭击，严重时大部分叶片受冻干枯，甚至生长点受冻，致使整个植株死亡。正常情况下黄瓜的花和果实受冻害的现象并不明显，大多数是因为营养器官受到低温冷害之后，才对花和果实产生不利影响。

5. 日光温室越冬茬黄瓜对低温伤害的预防和补救措施有哪些？

预防低温冷害、冻害的核心是增温保温，要避免和减轻这种危害应从以下几方面考虑，预防和补救措施。

(1)温室结构和保温性能　建造优型结构的日光温室，使外温最低时，室内外温差能达到25℃以上；增加覆盖保温设施，棚内采取2～3层薄膜覆盖，棚外前屋面要提早加盖薄膜、草苫、保温被等，以延缓散热，保持较高的地温和气温。

(2)提高种苗抗寒性　对种子进行冷冻处理方法是将开始萌动的种子放到0℃～2℃环境下处理24小时，然后缓慢升温继续催芽。进行嫁接换根育苗，大温差培育

适龄壮苗。一般用5℃低温处理70小时的嫁接苗，可在日光温室中安全过冬。进入深冬季节提前进行低温炼苗，逐渐地将白天温度降至23℃左右，夜间温度降至6℃～8℃，会增加植株体内的糖分，对植株适应和抵御低温等不良环境有积极作用。

（3）采取临时增温应变和补温措施　棚室遭遇阴冷天气时，可用生物补光灯补光，并采取临时的加温设备进行增温，以免秧苗受低温伤害。提前或在低温期给植株喷洒植物抗寒剂，可以提高植株耐低温能力。

连续阴雨雪低温天气，一旦暴晴揭草苫后，室温很快升高，黄瓜叶片蒸腾量急剧增大，很易造成萎蔫，甚至发生枯死现象。因此，要随时注意观察，揭苫后发生萎蔫应放苫，待叶片恢复后再揭苫，如此反复进行，直到叶片不再萎蔫为止。如果萎蔫较重，可用喷雾器喷洒清水后再盖草苫，待恢复后再揭开草苫。

六、黄瓜病虫害防治

（一）关键技术

1. 黄瓜猝倒病的危害特点及防治方法是什么？

（1）危害特点　黄瓜猝倒病是冬春季育苗期常见病害。幼苗子叶展开至第一片真叶展开前，即刚出土的幼苗或分苗移苗后发病较多。发病初期靠近地表处的茎基部出现浅黄色水渍状病斑，病斑很快扩大绕茎一周，后病部变成黄褐色，并迅速扩展缢缩变细呈线状，病势发展很快，以致子叶还没萎蔫仍保持绿色时，幼苗便已倒伏而死亡。由中心病株向邻近植株蔓延，严重时引起成片幼苗猝倒死亡。有时种子尚未出土子叶和胚轴即已腐烂。黄瓜猝倒病是由腐霉菌侵染引起的真菌病害，病菌以卵孢子和菌丝体在土壤中的病残体上越冬。田间再侵染主要借灌溉水、粪肥和农具等。育苗期遇连阴天、低温高湿以及光照不足时，有利于发病。

（2）防治方法　①播种前进行苗床和种子消毒处理（详见育苗部分内容）。②加强苗床管理，注意提高苗床温度，降低棚室湿度，苗床温度保持 20℃～30℃，地温保持 16℃以上。播种前或分苗时一次浇足底水，出苗或分

苗后尽量不浇水，防止床土低温高湿。苗期喷施植保素8 000～9 000倍液，以增强幼苗的抗病力。③药剂防治。发现病株及时拔除，并清除邻近病土，然后喷药防治，防止蔓延。药剂可选用25％甲霜灵可湿性粉剂800倍液，或64％噁霜·锰锌可湿性药剂500倍液，或72.2％霜霉威水剂400倍液，或15 ％噁霉灵水剂450倍液。喷药后撒适量干土或草木灰，以降低苗床湿度。也可用铜氨合剂喷施防治，可用硫酸铜0.5千克加氨水10千克混合均匀喷施，或用硫酸铜0.5千克、碳酸氢铵3.75千克混匀后加水稀释成1 200～1 500倍液喷施。也可用30％多·福可湿性粉剂20克拌细土20千克，做成药土覆于病苗处。

2. 黄瓜立枯病的危害特点及防治方法是什么?

(1)*危害特点*　黄瓜立枯病多在育苗后期发生，主要危害幼苗茎基部或地下根部。初在茎部出现椭圆形或不规则形暗褐色病斑，逐渐向里凹陷，边缘较明显，扩展后绕茎一周，致茎部萎缩干枯，苗死后不折倒(不同于猝倒病)。根部染病多表现为近地表根茎处的皮层变褐色或腐烂。病苗白天萎蔫，夜间恢复，经数日反复后枯死。早期与猝倒病不易区别，但病情发展后病株不猝倒，病部具轮纹或不十分明显的淡褐色蛛丝状霉，且病程较猝倒病发展慢。

黄瓜立枯病是由立枯丝核菌侵染引起的真菌病害，以菌丝体或菌核在土中越冬，菌丝能直接侵入寄主，通过雨水、农具或带菌的有机肥传播。播种过密，间苗不及时，温度过高、湿度较大，幼苗黄弱、徒长等易发病。

（2）防治方法　发病初期喷淋15%噁霉灵水剂450倍液，或20%甲基立枯磷乳油1 200倍液，或72.2%霜霉威水剂400倍液。

3. 黄瓜腐霉根腐病的危害特点及防治方法是什么？

（1）危害特点　主要侵染黄瓜幼苗根及茎部，初呈水渍状，后于茎基部或根部产生褐斑，逐渐扩大后凹陷，严重时病斑绕茎基部或根部一周，致使秧苗地上部逐渐枯萎。纵剖茎基部或根部，可见导管变为深褐色。发病后期根茎腐烂，不长新根，植株枯萎而死。

（2）防治方法　播种前进行床土消毒或种子消毒。发现病苗立即拔除，并喷洒25%甲霜灵可湿性粉剂800倍液，或64%噁霜·锰锌可湿性粉剂500倍液，或75%百菌清可湿性粉剂600倍液，或40%三乙膦酸铝可湿性粉剂200倍液，或70%丙森锌可湿性粉剂500倍液，或69%烯酰·锰锌可湿性粉剂600～800倍液，或72.2%霜霉威水剂400倍液，或70%代森锰锌可湿性粉剂500倍液，或15%噁霉灵水剂1 000倍液，每平方米苗床用药液2～3千克，每7～10天喷1次，连喷2～3次。

4. 黄瓜霜霉病的危害特点及防治方法是什么？

（1）危害特点　黄瓜霜霉病又叫跑马干。主要危害黄瓜叶片，也可危害茎、卷须和花梗，苗期、成株期均可发病。苗期发病，子叶上出现褪绿斑点，扩展后变黄褐色不规则形病斑，湿度大时背面产生灰黑色霉层，病情严重时子叶变黄干枯。成株期多由中部叶片发病，逐渐向上下

叶片扩展，后除顶部几片小叶外，整株叶片发病。叶片发病初出现水渍状浅绿色斑点，扩展很快，1～2天内因扩展受叶脉限制而出现多角形水渍状病斑。病斑开始变黄褐色，湿度大时病斑背面出现灰黑色霉层。严重时叶片布满病斑，病斑互相连片，致使叶片边缘卷缩干枯，最后叶片枯黄而死，叶片易破碎。发病特点是来势猛、传播快、发病重，2周内可使整株叶片枯死，减产30%～50%。

黄瓜霜霉病主要通过气流、风雨和农事操作活动传播。从伤口、气孔或表皮等孔口侵入。湿度高是引起病害发生的主要原因。

(2)防治方法

①农业防治　一是选用抗病品种，提高植株的抗病性。二是浸种催芽，培育壮苗。用55℃温水浸种，用0℃和25℃间隔变温催芽，大温差培育无病壮苗，减少病源。采用营养钵育苗，移栽前加强低温炼苗，增强抗病力。三是加强栽培管理，实行轮作倒茬。移栽前要施足基肥，增施磷、钾肥，采用高畦地膜覆盖栽培。定植后适量浇水，及时中耕，促进根系发育，使植株健壮。生长前期尽量少浇水，开花结果后，增加浇水量，浇水量以土壤处于湿润状态为准，禁止大水漫灌。四是保护地夜间空气湿度大，清晨要及时开启通风口，通风排湿，通风口开启的大小，以清晨棚内温度不低于10℃为限。9时后室内温度上升加速时关闭通风口，使室内温度快速提升至34℃，并尽力保持33℃～34℃，以高温和低湿控制该病发生。下午3时后逐渐加大通风，加速排湿，只要室温不低于16℃要尽

量加大通风口，温度低于16℃时关闭通风口进行保温。通过调控生态环境，抑制黄瓜霜霉病孢子囊的形成和萌发侵染。

②高温闷棚　保护地黄瓜采用高温闷棚方法控制病害，没有农药残留，是黄瓜无公害栽培技术措施。在高温季节，如果黄瓜霜霉病发生并已蔓延，可进行高温闷棚处理，方法是在晴天的清晨先通风浇水、落秧，使瓜秧生长点处于同一高度，上午10时关闭通风口，封闭温室进行升温。注意观察温度(从顶通风口均匀分散吊放2～3个温度计，吊放高度与生长点同)，当温度达42℃时，开始记录时间，使温度保持42℃～44℃达2小时，然后逐渐通风，缓慢降温至30℃。此法可杀灭黄瓜霜霉病菌与孢子囊，有效控制病害发生发展。

③化学防治　一是保护地可选用烟雾法或粉尘法。烟雾法是在发病初期每667米^{2}用45％百菌清烟剂200克，分别放在棚内4～5处，用香或卷烟等暗火点燃，发烟时闭棚熏1夜，翌日清晨通风，每隔7天熏1次。烟雾法可单独使用，也可与粉尘法、喷雾法交替轮换使用。粉尘法是于发病初期的傍晚，每667米^{2}用喷粉器喷撒5％百菌清粉尘剂或5％春雷·王铜粉尘剂1千克，每隔9～11天喷1次。二是喷雾法。发现中心病株后选用70％乙铝·锰锌可湿性粉剂500倍液，或72.2％霜霉威水剂800倍液，或58％甲霜·锰锌可湿性粉剂500倍液，或72％霜脲·锰锌可湿性粉剂600～700倍液喷雾，每隔7～10天1次。

5. 黄瓜枯萎病的危害特点及防治方法是什么?

(1)危害特点　黄瓜枯萎病又称蔓割病、萎蔫病,俗称死秧,是保护地多年连茬黄瓜的常见病害。从幼苗到成株都可发病,开花到结瓜期发病较重。发病初期下部叶片褪绿,沿叶脉出现网状鲜黄色条斑,白天萎蔫,夜间恢复,逐渐发展到上部叶片似缺水状,最后整株枯死。病株茎基部无光泽、稍黄,有时出现纵裂,分泌胶质物,湿度大时长出粉白色或粉红色霉状物。主根或侧根呈暗褐色干腐。将下部病茎剖视,可见维管束变黄褐色,这一特点可与疫病、蔓枯病、菌核病等其他萎蔫性病害相区别。黄瓜枯萎病为尖镰孢菌黄瓜专化型病菌所引起的真菌性病害,土壤和种子带病菌是初侵染的主要来源,病菌从根冠或根伤口侵染。黄瓜重茬地、施用生粪、施氮肥多、土壤水分忽高忽低以及有线虫、地下害虫的地块发病重,通风不良、地温高的棚室发病重。

(2)防治方法

①选用抗病品种　选用抗病品种可起到事半功倍的作用,如冀杂1号品种适宜春秋大棚种植,抗黄瓜枯萎病、霜霉病等病害。

②种子消毒　可采用温汤浸种。也可用0.1%多菌灵盐酸盐溶液浸种1～2小时,或用50%多菌灵可湿性粉剂500倍液浸种1小时,或用40%甲醛150倍液浸种0.5小时,冲洗干净后催芽。也可用种子重量0.3%的50%多菌灵可湿性粉剂拌种。

③土壤消毒　选择无病原菌的新土配制营养土,采

用穴盘或营养钵育苗。露地采取高畦直播，以尽量减少伤根。用菜园土作床土时应进行消毒，定植沟也应进行土壤消毒，可选用多菌灵或甲基硫菌灵配制成药土撒施。保护地还可利用暑期高温季节，耕翻土壤密闭棚室10～15天，利用太阳能提高温度进行土壤消毒。

④嫁接栽培　黄瓜枯萎病是土传病害，多年连作发病严重，形成土壤连作障碍。保护地黄瓜可采用白（黄）籽南瓜作砧木嫁接栽培。

⑤加强栽培管理　加强栽培管理，促使植株健壮生长，提高抗病性。可采用高畦栽培，覆盖地膜或秸秆，加强通风降温，防止大水漫灌，保护好根系。田间发现病株枯死立即拔除深埋或烧掉。拉秧后清除田间病株残叶，搞好田间卫生。枯萎病发生重的地块要实行3～5年轮作。

⑥药剂防治　发病前或发病初期可用50%多菌灵可湿性粉剂500倍液，或50%苯菌灵可湿性粉剂1 500倍液，或60%琥铜·乙膦铝可湿性粉剂350倍液，或50%甲基硫菌灵可湿性粉剂1 000倍液，或70%敌磺钠可湿性粉剂1 000～1 500倍液灌根预防和治疗，每7～10天灌1次，连灌3次，药剂要交替使用。

6. 黄瓜细菌性角斑病的危害特点及防治方法是什么？

（1）危害特点　黄瓜细菌性角斑病是温室、大棚和露地黄瓜生产中常见的病害。细菌性角斑病主要侵染叶片和瓜条，偶尔在叶柄、卷须、茎上发生，从幼苗到成株期均可发病。子叶染病，初呈水渍状近圆形褪绿凹陷斑点，后

变黄褐色干枯，边缘有油渍状晕环。后期病斑呈多角形、淡黄色至黄褐色，形状稍小，容易破裂穿孔。茎部受害处变细，病斑两端呈水渍状，剖开茎部用手挤压，从维管束的横断面上溢出菌脓，用洁净的火柴棍蘸菌脓可拉成丝状。瓜条受害腐烂有臭味，潮湿时叶背病斑处有滴状乳白色菌脓。没有维管束变褐和根部腐烂的现象。病斑以上茎叶首先萎蔫，而后迅速扩展，致使整株凋萎死亡。

黄瓜细菌性角斑病与霜霉病初发期症状难以分辨，特别是两病混合发生时，更容易误诊，生产中应根据两种病的危害特点加以区别。

黄瓜细菌性角斑病病菌主要潜伏于种子内，也可随植株病残体在土壤中越冬，一般由伤口或自然孔侵入。棚室高湿、昼夜温差大容易发病。

(2)防治方法　①播前用50℃～55℃温水浸种15～20分钟，育苗用无病菌床土，栽培实行2年以上轮作。管理上注意通风，控制空气湿度。②药剂防治。发现病株时，立即喷洒硫酸链霉素可溶性粉剂200～250毫克/千克(100万单位硫酸链霉素1支加水5升)溶液，或90%新植霉素可溶性粉剂200毫克/千克溶液，或30%硝基腐殖酸铜可湿性粉剂500倍液。

7. 黄瓜灰霉病的危害特点及防治方法是什么?

(1)危害特点　灰霉病是保护地黄瓜的主要病害，主要危害黄瓜的花、瓜、叶片、茎蔓。病菌主要从开败的雌花侵入，致花瓣腐烂，长出灰褐色霉层，进而向幼瓜扩展，使小瓜条变软、腐烂和萎缩，病部先发黄，后表面逐渐密

生灰褐色霉状物，严重时瓜条腐烂脱落。烂瓜、烂花上的霉状物或残体落于茎蔓和叶片上导致叶片和茎蔓发病。茎蔓发病后，茎部腐烂，严重时整株枯死。病花如果落在叶片上，则引起叶片发病，叶部病斑先从叶尖发生，初为水渍状，后为浅灰褐色病斑，中间有时产生灰褐色霉层，叶片形成大型病斑并有轮纹，边缘明显，表面着生少量灰霉。茎蔓发病严重时下部的节腐烂，导致茎蔓折断，植株死亡。黄瓜灰霉病由真菌侵染引起，病菌随病残体在土壤中越冬，靠气流、雨水及农事操作等传播。低温高湿是诱发黄瓜灰霉病发病流行的主要原因。黄瓜灰霉病一旦发生后迅速蔓延，短期内即暴发流行，黄瓜结瓜期是该病侵染和烂瓜的高峰期。

(2)防治方法

①加强栽培管理　保持棚面清洁增强光照，及时通风排湿，避免大水漫灌，最好选在晴天上午浇水，采用膜下暗灌，以减少棚内湿度。及时摘除花瓣、病叶和病果，装在塑料袋内带出田外深埋或烧毁，可明显减轻发病。

②生物防治　用木霉素 1.5 亿个活性孢子/克可湿性粉剂 300～600 倍液喷施防治，效果较好，在无公害蔬菜生产中值得推广。

③化学防治　根据病菌侵染规律，喷药要提前，防治黄瓜灰霉病的最佳时期为发病初期即花果期。从花期开始喷药一直到结瓜期，每隔 7 天左右用药 1 次，连续 2～3 次。可选择不同施药方法和不同药剂品种，交替轮换使用，确保防治效果，延缓抗药性，烟熏效果优于喷雾。每

667 米^2 可选用 45%百菌清烟剂或 20%腐霉·百菌清烟剂 250～300 克，于棚内放置 8～10 个点，于傍晚用暗火点燃后立即密闭棚室烟熏 1 夜，翌日开门通风。喷雾法施药后要及时通风，降低湿度，发病严重时需加大剂量，将药液喷到幼果上。可选用 50%异菌脲可湿性粉剂 1 000 倍液，或 50%异菌·福美双可湿性粉剂 800 倍液喷雾，每 667 米^2 用药液 50 千克，防治效果在 95%以上。

8. 黄瓜根结线虫病的危害特点及防治方法是什么？

(1)危害特点　线虫病主要危害黄瓜植株地下根部，发病后根系发育不良，主根和侧根萎缩、畸形，上面形成大小不等瘤状虫瘿，初呈白色串状、表面光滑，后期变褐、粗糙，剖开根结可见乳白色线虫。病轻时，地上部植株无明显症状；随着根部受害的加重，植株生长不良，表现为叶片发黄或枯焦，似缺水缺肥状，植株衰弱矮小，结瓜不良，严重的遇高温表现萎蔫以至整株枯死。重病株结果少、果小。黄瓜线虫病是由南方根结线虫在根部寄生所致。沙土、沙壤土等利于线虫病发生，重茬地发病严重，土壤见干见湿发病重，线虫以卵或幼虫在土壤中越冬，靠病土、病苗、植株病残体、带病肥料、灌溉水、农具和杂草等传播。

(2)防治方法　目前大多数杀线虫药剂都是剧毒的，或污染环境，或有高残留，蔬菜生产中禁止使用。因此，生产中必须坚持以农业防治、物理防治和物理防治方法为主，药物防治为辅的综合防治方法。

①培育无病壮苗　选用抗病和耐病黄瓜品种，选用

无病土育苗，培育无病壮苗，移栽时发现病株及时剔除。或用抗线虫砧木品种，进行嫁接育苗。

②实行轮作　实行与黄瓜远缘作物如葱、蒜、韭菜、辣椒等蔬菜实行 2 年以上轮作，可有效地防止或减轻线虫病的发生，降低土壤中的线虫量，从而减轻对后茬作物的危害。发病重的地块最好与禾本科作物轮作，以水旱轮作效果最好。

③深耕或换土　利用根结线虫主要分布在 3～9 厘米表层土中这一特点，在夏季换茬时，深耕翻土 25 厘米以上，同时增施充分腐熟的有机肥，可减轻危害。也可将 0～25 厘米耕层土起出，进行全部换土，此法效果更好，但较费力。

④加强栽培管理　施用充分腐熟的有机肥，合理浇水，增强植株耐病力。黄瓜拉秧后，及时清除病残根，铲除田间杂草，深埋或烧毁，以减轻病害发生。下茬作物种植前，加种生育期短且易感病作物，如小白菜、菠菜等，待感染后再全部挖出棚外，在松动的地表进行喷药处理。

⑤高温季节土壤消毒处理　夏季高温时节，在大棚内铺撒麦秸 5 厘米厚，每 667 米^2 再撒施过磷酸钙 100 千克左右，翻入土中，然后盖地膜，密闭大棚，使棚温高达 70℃以上，10 厘米地温高达 60℃左右，闭棚 15～20 天。还可以采用烧烤土壤来消灭线虫，方法是利用温室夏季休闲期，深翻土壤但不打碎土坷垃，在地面铺放 15～20 厘米厚的麦糠或稻壳，如用废弃的糠醛渣则更好。四周铺压细软的柴禾，点燃细软柴禾，保持暗火慢慢燃烧。发

现明火可用土压住，1个温室经过3～4天可燃烧完毕（此操作一定要留人看管，防止火灾）。燃烧中可使20厘米土层的温度达到70℃以上，足以杀死线虫。高温处理后，特别是烧烤过的土壤，大量有机质和有益微生物也同时损失。因此，处理结束要抓紧施有机肥，至少需要1个月以上的时间，方可使土壤有机质和有益微生物得以恢复。

⑥水淹法　棚室可在夏季高温休闲季节做高畦，进行浇水，畦面水深保持5～10厘米2周，可使线虫因缺氧而窒息死亡。同时，密闭棚室覆盖地膜，可使30厘米内土层温度达50℃以上。有地热条件时用高温水逐畦浇灌也可将线虫杀死。

⑦冷冻处理　在发病十分严重的温室，可在冬季适当休闲一茬，入冬前深翻，浇冻水，不扣棚覆膜，经越冬土壤冻融，可控制根结线虫的危害。

⑧药剂防治　一是用1.8%阿维菌素乳油1000倍液灌根，每株灌药液250克。二是用石灰氮进行土壤消毒。三是每667米^{2}用10%噻唑磷颗粒剂2～2.5千克，移栽前穴施。

9. 黄瓜靶斑病的危害特点及防治方法是什么?

(1)危害特点　黄瓜靶斑病菜农称之为黄点病，以危害叶片为主，严重时蔓延至叶柄、茎蔓。叶正、背面均可受害，叶片发病，初为水渍状黄色小斑点，直径1毫米左右，对光看小斑点透明。后病斑扩展为近圆形，有的为多角形或不规则形，叶片正面病斑略凹陷，病斑易破裂，病健组织界限明显。病斑边缘颜色较深为褐色，中央颜色

较浅呈灰白色，病斑整体看上去像一个靶子，有时病斑外有黄色晕圈，湿度大时出现黑色环形霉状物。严重时多个病斑连片，呈不规则形大斑，叶片干枯死亡。重病株中下部叶片相继枯死，造成提早拉秧。黄瓜靶斑病病菌主要以分生孢子或菌丝体在土壤中的病残体上越冬，翌年春天产生分生孢子通过气流或雨水飞溅传播，进行初侵染和再侵染。温暖高湿有利于发病，阴雨天较多、长时间闷棚、叶面结露、光照不足、昼夜温差大等均有利于发病。

黄瓜靶斑病与霜霉病的区别：靶斑病叶部病斑两面色泽相近，湿度大时上生灰黑色霉状物，靶斑病病斑枯死，病健交界处明显，并且病斑粗糙不平；霜霉病病斑叶片正面褪绿、发黄，病健交界处不清晰，病斑很平。

黄瓜靶斑病与细菌性角斑病的区别：靶斑病叶片病斑两面色泽相近，湿度大时上生灰黑色霉状物；细菌性角斑病，叶背面有白色菌脓形成的白痕，清晰可辨，叶片两面均无霉层。

(2)防治方法

①种子消毒　该病菌致死温度为55℃、10分钟，所以可采用温汤浸种方法杀灭病菌。方法是先用常温水浸种15分钟，然后转入55℃～60℃热水中浸种10～15分钟，不断搅拌，水温降至30℃后继续浸种3～4小时，捞起沥干后置于25℃～28℃条件下催芽。温汤浸种结合药液浸种，杀菌效果更好。

②加强栽培管理　及时清除病蔓、病叶、病株，并带出田外烧毁，减少初侵染源。实行高畦(垄)，地膜覆盖栽

培，膜下滴灌或膜下开沟暗灌。小水勤浇，避免大水漫灌，利于减少水分蒸发，控制空气湿度。注意通风排湿，增加光照，创造有利于黄瓜生长发育，不利于病菌萌发侵入的温湿度条件。与非瓜类蔬菜实行 2 年以上轮作，降低病原菌数量。

③药剂防治　发病前可用 0.5%氨基寡糖素水剂 400～600 倍液，或 70%甲基硫菌灵可湿性粉剂 600 倍液，或 80%代森锰锌可湿性粉剂 600 倍液喷雾预防。发病后用 25%嘧菌酯悬浮剂 1 500 倍液，或 40%甲基嘧菌胺悬浮剂 500 倍液，或 25%咪鲜胺乳油 1 500 倍液，或 40%氟硅唑乳油 8 000 倍液，或 43%戊唑醇悬浮剂 3 000 倍液，或 40%腈菌唑乳油 3 000 倍液喷雾防治，每隔 7～10 天喷 1 次。发病严重的，加喷铜制剂，可喷施 77%氢氧化铜可湿性粉剂 800～1 000 倍液，或 30%硝基腐殖酸铜可湿性粉剂600～800 倍液。温室中也可每 667 米^2 选用 45%百菌清烟剂 200～250 克熏烟防治，每 7～10 天 1 次，连续防治 2～3 次。

10. 黄瓜蔓枯病的危害特点及防治方法是什么?

(1)危害特点　黄瓜蔓枯病主要危害叶片和茎蔓。从叶片边缘发病病斑多呈"V"形或半圆形发展，从叶片内部发病病斑多呈近圆形，病斑呈黄褐色至褐色，后期易破裂，并出现许多小黑点(生长前期为分生孢子器，生长后期为子囊壳)。茎蔓被害出现椭圆形或梭形白色至黄褐色病斑，病斑常开裂，严重时茎节变为黑色或褐色并折断死亡。潮湿时可分泌雄黄色胶状黏液；干燥时病部黄褐

色至红褐色，干缩纵裂呈乱麻状，表面散生许多小黑点。该病有时与枯萎病不易区分，在实际病害诊断中可割断茎蔓观察维管束，变为褐色的为枯萎病，不变色的则为蔓枯病。

(2)防治方法

①农业防治　播种前进行种子消毒，温汤浸种 30 分钟。采取高畦(垄)栽培，膜下暗灌，加强创造高温低湿的生态环境条件，控制蔓枯病的发生与发展。温室夜间湿度较高，早上掀苫后应及时通风排湿，降低棚内湿度，并尽力维持棚室温度在 33℃～35℃，以高温和低湿控制病害发展。

②药剂防治　发病前可每 10～15 天喷洒 1 次 1：0.7：200 波尔多液进行预防。发病后可喷洒 25％嘧菌酯胶悬浮剂 1 500 倍液，或 10％苯醚甲环唑可分散粒剂 1 500 倍液，或 70％甲霜·锰锌可湿性粉剂进行防治，棚室栽培也可每 667 $米^2$ 用 30％百菌清烟剂 250 克熏烟，每 7～10 天施药 1 次，连续防治 2～3 次。

11. 黄瓜疫病的危害特点及防治方法是什么？

(1)危害特点　疫病是黄瓜生产中的主要病害之一，常造成植株大面积死亡，对生产威胁很大。黄瓜整个生长期均可受害，病斑可出现在植株任何部位，甚至叶柄。幼苗感病，多从嫩尖发生，初为暗绿色水渍状萎蔫、软腐，最后呈干枯秃尖状。叶片上产生圆形或不规则形暗绿色水渍状病斑，边缘不明显，扩展很快，湿度大时腐烂，干燥时呈青白色，易破碎。茎基部也易感病，可造成幼苗死

亡。成株发病主要在茎节部产生暗绿色水渍状病斑，病部明显缢缩，患部以上的叶片全部萎蔫，一株上往往有几处节部受害，最后全株萎蔫枯死，维管束不变色。卷须、叶柄的症状同基部，叶片的症状同苗期。瓜条受害，多从花蒂部发生，病部皱缩呈暗绿色软腐，表面长有灰白色稀疏霉状物，病果迅速腐烂。

黄瓜疫病是由黄瓜疫病菌侵染引起的真菌性病害，病菌以菌丝体、卵孢子或厚垣孢子随病残体遗留在土壤中越冬，通过雨水、灌溉水传播，所以田间发病高峰往往紧接在雨量高峰之后。土壤湿度大、地下水位高、地势低洼、雨后不能迅速排水、浇水过多或水量过大，发病重，老菜区、连作地发病重，平畦栽培比垄栽发病重，秋黄瓜晚播发病也重。播种带菌种子，也可引起田间发病。北方地区夏、秋黄瓜受害较重，在南方地区春黄瓜发病较多。

(2)防治方法　由于黄瓜疫病潜育期短，雨季发病蔓延快，生产中应以栽培防病为主，结合选用抗病品种和及时用药进行综合防治。①选用抗病品种，从无病种瓜上采种。种子消毒可用50%福美双可湿性粉剂拌种，每千克种子用药140克。②应选择地势高燥、土地平整、排水良好的地块种植黄瓜。合理轮作，重病地与非瓜类作物轮作3～4年。北方地区可采用半高垄或小高畦栽培，南方地区可采用深沟高畦栽培，采用地膜覆盖，膜下暗灌。增施基肥，并注意氮、磷、钾肥配合使用。多雨季节，及时排除田间积水。③药剂防治。发病前加强检查，一旦发现中心病株摘除病叶，并立即喷药防治，每隔5～7天喷1

次，连续喷 2～3 次，雨后补喷。药剂可选用 75%百菌清可湿性粉剂 500～700 倍液，或 50%克菌丹可湿性粉剂 500 倍液，或 1∶0.5～0.8∶240～300 波尔多液。为了提高防效，除植株喷药外，还可结合地面洒药。地面洒药可用1∶1∶200 波尔多液，或石灰 100 倍液，雨季到来之前洒 1 次，每次浇水或大雨后均洒药 1 次，共洒 4～5 次，注意不要将石灰水洒在植株上。

12. 嫁接黄瓜根腐病的危害特点及防治方法是什么？

(1)危害特点　近年来黄瓜嫁接栽培根腐病发生较重，严重影响黄瓜的产量和生产效益。嫁接黄瓜根腐病多发生在栽培黑籽南瓜作砧木的嫁接黄瓜生产中，在开始采收前生长正常，采收后开始发病。黑籽南瓜茎基部发生水渍状变褐腐败，发病轻的外部症状不明显，砧木和接穗的维管束不变褐，但细根变褐腐烂，主根和支根部分变为浅褐色至褐色。严重的根部全部变为褐色至深褐色，后细根基部发生纵裂，在不规则形的纵裂中间产生灰白色的黑色带状菌丝块，在根部细胞上可见密生的小黑点(是病原菌分生孢子器)。接穗黄瓜发病进程缓慢，初期叶片失去活力，中午前后发生萎蔫，早晚或阴天尚可恢复。持续数日后，下部叶片枯黄，并逐渐向上扩展，侧枝和瓜条的发育受到抑制，致使全株死亡。嫁接黄瓜根腐病由拟茎点霉真菌侵染所致，病菌随病残体在土壤中越冬，翌年定植嫁接黄瓜苗易发病，地温 15℃～30℃均可发病，20℃～25℃时发病重。

(2)防治方法

①苗床消毒　在高温季节晴天密闭棚室,育苗床或育苗温室土壤覆盖地膜,利用太阳能高温,使床土在50℃左右的条件下处理10分钟,可杀灭土壤中大部分致病菌,降低发病率。对发病重的地块或苗床,可用多菌灵、敌磺钠、甲基硫菌灵等药剂与细土,以1∶10比例配成药土,播种或定植前每667米^{2}用药土1.25千克进行土壤消毒处理。

②加强管理,提高抗性　定植前进行测土配方施肥,增施有机肥。定植后,前期适当控制浇水,以提高地温,促进根系发育。结瓜后适当增加浇水次数并及时追肥,防止脱肥造成植株早衰。注意通风降湿。

③选用抗病砧木品种　选用抗病砧木嫁接,是防病的关键措施,可选用绿洲天使、神根等黄籽南瓜砧木新品种。

④药剂防治　发病初期用50%苯菌灵可湿性粉剂1 500倍液,或10%苯醚甲环唑水分散粒剂1 500倍液灌根,每株用药液250克。

13. 黄瓜炭疽病的危害特点及防治方法是什么?

(1)危害特点　炭疽病是黄瓜的重要病害,主要危害叶片、茎蔓、瓜条,苗期和成株发育期均可发病,生长中后期发病较重。苗期发病,在子叶边缘出现黄褐色半圆形或圆形稍凹陷病斑。茎基部受害,患部缢缩变色,幼苗猝倒。成株危害时叶片上出现水渍状病斑,逐渐扩大为近圆形棕褐色病斑,外有一圈黄晕斑,病斑多时连片成为不

规则的斑块，湿度大时病斑上长出橘红色黏质物，干燥时病斑中部有时出现破裂穿孔，甚至叶片干枯死亡。叶柄或茎上的病斑常凹陷，表面有时有粉红色小点，病斑由淡黄色变为褐色或灰色，病斑如蔓延至茎的一圈，茎蔓即枯死。瓜条染病初期呈淡绿色水渍状斑点，很快变为黄褐色或暗褐色，并不断扩大且凹陷。湿度大时病斑表面产生粉红色黏稠物，后期常开裂，病瓜弯曲变形。叶柄或瓜条上有时出现琥珀色流胶。

黄瓜炭疽病是由刺盘孢菌引起的真菌性病害，病菌主要以菌丝体和拟菌核在病残体上或土里越冬，附着在种子表皮黏膜上的菌丝体也能越冬，还可在棚室的旧木料上腐生。湿度大发病严重，空气相对湿度在95%以上发展迅速，小于54%时不发病。分生孢子主要靠雨水和地面流水的冲溅进行传播，所以贴近地面的叶片首先发病。

(2)防治方法

①选用无病种子及种子消毒　选用抗病品种，并用55℃温水浸种20分钟，或用40%甲醛100倍液浸种30分钟，用清水冲洗干净后催芽。

②加强栽培管理　用多菌灵等药剂进行床土消毒，并用百菌清烟剂熏蒸育苗用的温室及农具和架材等，培育无病壮苗，提高幼苗的抗病性；采用地膜覆盖膜下滴灌栽培，增施有机肥和磷、钾肥，进行叶面施肥，增强植株抗性；及时清除病叶和病株，换茬时要清除干净残茬，发病重的地块实行3年轮作；注意通风换气降低湿度，使室内

空气相对湿度降至70%以下，以减轻病害发生。

③药剂防治　发病初期可选用70%甲基硫菌灵可湿性粉剂500倍液+80%福美双可湿性粉剂500倍液，或70%代森锰锌可湿性粉剂400倍液，或50%福·福锌可湿性粉剂400倍液，或用2%嘧啶核苷类抗菌素水剂200倍液喷雾，每5～7天喷1次，连喷3～4次，药剂交替使用。保护地栽培用5%百菌清粉尘剂进行喷粉防治效果更好，还可用45%百菌清烟剂熏烟防治。

14. 黄瓜病毒病的危害特点及防治方法是什么?

黄瓜病毒病的发生往往由一种病毒单独侵染或多种病毒复合侵染所致，其危害症状有多种表现形式，症状明显区别于其他侵染性病害。

(1)危害特点

①花叶病毒病　黄瓜花叶病毒病为系统侵染，幼苗期感病，子叶变黄枯萎，幼叶为深、浅绿色相间的花叶，植株矮小。成株期感病，新叶为黄、绿相间的花叶，病叶小、皱缩，严重时叶反卷变硬发脆，常有角形坏死斑，并簇生小叶。茎部节间缩短，茎畸形，不结瓜，严重时病株叶片枯萎。瓜条表面呈现深、浅绿色镶嵌凹凸不平的花斑，生长停止，瓜条畸形。

②皱缩型病毒病　新叶沿叶脉出现浓绿色隆起皱纹，叶变小，出现蕨叶、裂片，有时沿叶脉坏死。瓜条表面产生斑驳，或凹凸不平的瘤状物，瓜条畸形。严重病株枯死。

③绿斑型病毒病　新叶产生黄色小斑点，以后变淡

黄色斑纹，绿色部分隆起呈瘤状。果实上产生浓绿斑和隆起瘤状物，多为畸形瓜。黄瓜绿斑型病毒病又分为绿斑花叶和黄斑花叶两种类型。绿斑花叶型，苗期染病幼苗顶尖部的 2～3 片叶呈亮绿色或暗绿色斑驳，叶片较平，暗绿色斑驳的病部隆起，新叶浓绿色，叶片变小，植株矮化，叶片斑驳扭曲。瓜条染病，在瓜表面出现浓绿色花斑，有的产生瘤状物；黄斑花叶型，其症状与绿斑花叶型相近，主要区别是叶片上产生淡黄色星状疱斑，老叶近白色。

④黄化型病毒病　植株中上部叶片在叶脉间出现褪绿小斑点，后发展成淡黄色，或全叶变鲜黄色，叶片硬化，向背面卷曲，叶脉仍保持绿色。

黄瓜病毒病的病原主要有黄瓜花叶病毒（CMV）、甜瓜花叶病毒（MMV）、烟草花叶病毒（TMV）、黄瓜绿斑花叶病毒。病毒主要在多年生宿根植物上越冬，由蚜虫或其他昆虫传播。每当春季植物发芽后，蚜虫开始活动或迁飞，成为传播病毒病的主要媒介，田间农事操作和汁液接触进行多次再侵染。在高温、干旱和日照强的环境条件下发病重，缺肥、缺水和管理粗放时发病重。

（2）防治方法　加强田间管理提高植株抗性，选用抗病品种培育壮苗，及时追肥浇水防止植株早衰。在整枝、绑蔓、摘瓜时接触过病株的手和工具，要用肥皂水洗净。清除田间杂草，消灭蚜虫。田间覆盖银灰色避蚜纱网或挂银灰色尼龙膜条避蚜，或在棚室内悬挂黄板诱杀蚜虫，或喷洒杀蚜虫药剂防治蚜虫，切断传播途径。发病前或

发病初期喷洒 20%吗胍·乙酸铜可湿性粉剂 500 倍液，或 1.5%烷醇·硫酸铜乳剂 1 000 倍液，或 10%混合脂肪酸水剂 100 倍液，或高锰酸钾 1 000 倍液，每隔 5～7 天喷 1 次，连续喷 2～3 次。

15. 黄瓜黑星病的危害特点及防治方法是什么？

(1)*危害特点*　黑星病在黄瓜整个生育期均可侵染发病，危害部位有叶片、茎、卷须、瓜条及生长点等，植株幼嫩部分如嫩叶、嫩茎和幼果受害最重，老叶和老瓜对病菌不敏感。幼苗染病，子叶上产生黄白色圆形斑点，子叶腐烂，严重时幼苗整株腐烂。侵染嫩叶时，初在叶面呈现近圆形褪绿小斑点，进而扩大为 2～5 毫米淡黄色病斑，边缘呈星纹状，干枯后呈黄白色，后期形成边缘有黄晕的星星状孔洞。嫩茎染病，初为水渍状暗绿色菱形斑，后变暗色、凹陷龟裂，湿度大时病斑长出灰黑色霉层。生长点染病时，心叶枯萎，形成秃桩。卷须染病变褐腐烂。幼瓜和成瓜均可发病，初为圆形或椭圆形褪绿小斑，病斑处溢出透明的黄褐色胶状物(俗称“冒油”)，并凝结成块。以后病斑逐渐扩大、凹陷，胶状物增多，堆积在病斑附近，最后脱落。湿度大时，病部密生黑色霉层。接近收获期，病瓜暗绿色，有凹陷疮痂斑，后期变为暗褐色。空气干燥时龟裂，病瓜一般不腐烂。幼瓜受害，病斑处组织生长受抑制，引起瓜条弯曲、畸形。

黄瓜黑星病是由瓜疮痂枝孢菌引起的真菌病害，病菌以菌丝体附着在病残体上，在土壤、棚架中越冬，成为翌年初侵染源。也可以分生孢子附在种子表面或以菌丝

体潜伏在种皮内越冬，成为近距离传播的主要来源。黄瓜黑星病主要靠雨水、气流和农事操作在田间传播，病菌从叶片、果实、茎表皮直接侵入，或从气孔和伤口侵入。低温高湿、棚顶及叶面结露是该病发生和流行的重要条件，重茬地、雨水多、浇水过多、通风不良发病较重。

（2）防治方法

①选择抗病品种　品种对黑星病的抗性存着明显的差异，如津春 1 号有高抗黑星病的特性，中农 7 号、中农 13 号等保护地栽培品种对黑星病也有一定的抗性。最好与非瓜类作物实行 2～3 年轮作。

②种子消毒　用 55℃温水浸种 15 分钟，或用 25％多菌灵可湿性粉剂 300 倍液浸种 1～2 小时，清洗后催芽。也可用种子重量 0.3％的 50％多菌灵可湿性粉剂拌种。

③温室消毒　定植前 15 天用硫磺熏蒸消毒，每 667 米^2 用硫磺 1500 克、锯末 3000 克，分几处点燃，密闭熏蒸 1 夜。架材及工具等也可放室内同时消毒，或用 40％甲醛 150 倍液淋洗消毒。

④土壤消毒　每平方米用 25％多菌灵可湿性粉剂 16 克与 10 千克细土拌匀，播种时用药土底铺上盖。定植前，每 667 米^2 用 50％多菌灵可湿性粉剂 1～1.5 千克与细土 20 千克拌匀撒施。

⑤药剂防治　发病初可选用 50％多菌灵可湿性粉剂 500 倍液＋50％甲霜灵可湿性粉剂 800 倍液，或 70％甲基硫菌灵可湿性粉剂 1000 倍液，或 75％百菌清可湿性粉剂 600 倍液喷雾防治，也可用百菌清烟剂熏蒸，每 7～10 天

防治1次，连续2～3次。

16. 黄瓜白粉病的危害特点及防治方法是什么?

(1)危害特点　黄瓜白粉病从幼苗到成株均可发生，主要危害叶片，也可危害蔓茎和叶柄，果实一般不受害。发病初期叶面或叶背上产生白色近圆形小斑点，环境条件适宜时，粉斑迅速扩大连接成片，呈边缘不明显的大片白粉区，上面布满白色粉末状霉，严重时，白粉变为灰白色，叶片枯黄、卷缩，一般不脱落。叶柄与嫩茎上的症状与叶片相似，但白粉较少。病害由植株下部逐渐往上发展，严重时植株枯死。

黄瓜白粉病是由真菌侵染引起的病害，周年种植黄瓜的地区病菌以菌丝或分生孢子在寄主上越冬或越夏，主要借气流传播，其次是雨水传播。发病最适温度为16℃～24℃，最适相对湿度为75%左右。棚室湿度较大、空气不流通易发病，管理粗放、植株徒长、通风不良、光照不足发病重。

(2)防治方法

①选择抗病品种　目前生产中的主栽品种除密刺类黄瓜易感白粉病外，多数杂交种对白粉病均有一定的抗性。

②加强田间管理　培育适龄壮苗，控制好温湿度，使植株生长健壮，增强抗病能力。

③温室消毒　定植前对温室熏蒸消毒，每100米^{3}用硫磺粉250克、锯末500克，或每667米^{2}用45%百菌清烟剂250克，分放4～5处，于傍晚在密闭条件下点燃熏蒸

1夜。熏蒸时，棚室温度保持20℃左右。

④药剂防治　发病初用25%三唑酮可湿性粉剂1 000～1 500倍液，或75%百菌清可湿性粉剂600倍液，或50%多菌灵可湿性粉剂500倍液喷雾。另外，每667米^{2}用15%三唑酮烟剂500～1 000克熏烟，也有良好防效。

17. 黄瓜菌核病的危害特点及防治方法是什么？

（1）危害特点　黄瓜菌核病主要危害瓜条和茎蔓，其次是叶片和叶柄，幼苗、成株以及幼瓜和成瓜均可发病。先从残花部染病，向上水渍状扩展软腐，引起全果腐烂，随后病部长满白色棉絮状菌丝和鼠粪状菌核。茎部发病时，多在离地20～30厘米处出现褪绿水渍状斑，淡褐色软腐，表面着生白色菌丝层，以后病茎表面和髓部形成黑色菌核，病部以上茎蔓枯死。叶片发病多由发病残花掉落后感染，形成大块褐色水渍状软腐斑，严重时整叶腐烂。幼苗发病时，近地面幼茎基部出现水渍状病斑，很快病斑绕茎一周，造成环腐，幼苗猝倒。

黄瓜菌核病是由真菌引起的病害，病菌以菌核形式在棚室土壤中越冬，翌年菌核萌发产生子囊盘，放出子囊孢子，借气流传播，由残花部侵入。温室温度偏低、湿度偏大发病较重；连作会造成土壤中菌核积累，发病较重。

（2）防治方法

①农业防治　上茬作物拉秧后，深翻土壤20厘米，将菌核埋入深层，抑制子囊盘出土。加强栽培管理，采用配方施肥，增强寄主抗病力。

②物理防治　采用高畦覆盖地膜栽培,抑制子囊盘出土释放子囊孢子,减少菌源。

③加强通风　通风降湿,空气相对湿度保持80%以下,可避免发病。防止出现温度偏低、湿度过大现象。

④药剂防治　发病初期选用40%菌核净可湿性粉剂1 000～1 500倍液,或50%腐霉利可湿性粉剂1 000～1 500倍液,或50%异菌脲可湿性粉剂1 000倍液喷施防治。也可用50%腐霉利可湿性粉剂10倍液涂抹病斑。喷药时注意喷茎的基部、老叶、土表及下部瓜条。发病初期也可采用烟雾法防治,方法基本与灰霉病相同。

18. 冬春季黄瓜育苗常见的生理障碍有哪些? 如何防治?

(1)徒长苗　特征:茎纤细,节间过长,叶片薄而色淡,组织柔嫩,根系小,株型小而尖,很少结瓜或易化瓜。发生原因:光照不足或温度过高,特别是夜温过高;偏施氮肥、水分充足、湿度大而光照弱等。防治措施:徒长是蔬菜育苗期常见的一种生理障碍,可通过增强光照、适当通风、降低夜温、降低湿度、控制浇水及氮肥等进行预防。当秧苗生长拥挤时及时间苗、分苗,后期囤苗时扩大行距,防止过分遮阴,尽量增加光照;即使在阴冷天气,也要适当掀开覆盖物,使秧苗见光;按照秧苗各个阶段生长发育的需要严格控制苗床温度;发生徒长初期可通过控制浇水,叶面喷施磷、钾肥或植物生长调节剂抑制生长。

(2)僵化苗　主要表现:苗矮、茎细、叶小且叶色深绿、根少且不易发新根、花芽分化不正常、不发棵、定植后

易出现花打顶现象。发生原因:肥水供应不足、温度偏低或蹲苗时间过长、植物生长调节剂用量过大、苗龄过长、苗床长期低温和干旱,秧苗的生长发育受到抑制时易形成僵苗。防治措施:给秧苗适宜的温度和水分条件,改控苗为促苗,促进秧苗迅速生长。采用冷床育苗时,尽量提高苗床温度,并适当浇水、炼苗。对僵化秧苗,除了采取提高床温、适当浇水等措施外,每平方米床面喷洒 10～30 毫克/升赤霉素溶液 100 克,具有显著刺激秧苗生长的作用。

(3)闪苗　通风口位置距离幼苗太近,在寒冷的季节通风量过大,造成苗床温度大幅度下降,致使幼苗叶片因受到冷害呈水渍状。初期幼苗叶片萎蔫,以后受害部位逐渐干枯,形成不规则形斑块,严重时可造成苗床局部植株成片枯死。一旦出现闪苗,应及时回苫遮阴,防止因光照太强、失水过多而加剧冷害。

(4)烤苗　苗床温度过高、光照过强或叶片与透明覆盖物接触致使叶片急度失水所致。表现为叶缘或生长点变白、干枯,有时出现坏死斑点。所以,育苗期间,晴好天气温度过高时应及时通风降温,避免叶片与薄膜直接接触或距离太近。

(5)风干　秧苗一直生长在空气湿度较大的环境中,突然遭受大风吹袭就很容易发生萎蔫,萎蔫时间过长,叶片不能复原,最后呈绿色干死,这种现象称为风干。防治措施:苗床通风应由小到大,使秧苗有一个适应过程;有大风的天气,把覆盖物压好,防止被风吹跑。

(6)寒根　土壤温度过低所致,若土壤温度低于10℃就有可能发生寒根现象。表现为根系停止生长,颜色变褐,叶片变黄易萎蔫。防治措施是提高地温促新根发生。

(7)沤根　苗床地温低于10℃且持续时间较长,或湿度过大、土壤中氧气浓度较小造成。表现为根部变褐色,继而发生腐烂,叶色浓绿,叶片不展,部分叶片边缘或全部枯黄,甚至秧苗死亡。防治措施:控制浇水,加强通风,中耕松土,提高苗床温度,增施有机肥,提高土壤通透性。

(8)烧根　育苗床肥料过多或施未经充分腐熟有机肥,致使土壤溶液浓度过高造成烧根。这是因为土壤水分太少、溶液浓度过高或肥料不腐熟或不细碎,导致根系水分外渗所致。表现为根系和叶片变黄,叶片、叶脉皱缩,秧苗不长或萎蔫。防治措施:使用充分腐熟的有机肥,苗床土过筛,播种前浇透水。同时,注意一次施肥不要过多,追肥时要少量多次且及时浇水。发生烧根后,可适当增加浇水次数,以降低土壤溶液浓度。

19. 棚室黄瓜栽培怎样预防氨气中毒?

生产中由于过量追施固体尿素、碳酸氢铵、硫酸铵等化肥,或大量施用未腐熟厩肥、人粪尿、鸡粪等有机肥,在分解过程中产生大量的氨气,氨气从叶片的气孔、水孔进入,对植株造成伤害。受害部分初期呈水渍状,逐渐呈白色、黄白色或淡褐色,叶缘呈灼伤状,植株叶片由下往上从叶缘开始呈青枯状干枯。严重时全株死亡。防治措施:施用充分腐熟的有机肥,施用化肥时要少量多次,最好事先化成水,顺水冲施。棚室采用穴施方法的,施肥后

要立即覆土和浇水、通风。

20. 棚室黄瓜栽培怎样预防亚硫酸气体中毒?

亚硫酸中毒气体主要来源于温室内煤火加温,特别是明火加温时燃烧不充分或通烟渠道不畅通,而产生亚硫酸气体中毒现象。除此之外,施用未腐熟的有机肥等也易产生亚硫酸气体。亚硫酸气体从叶片气孔进入,受害叶片轻者叶背气孔多的部位出现褪色烟斑,受害重者叶片两面失去光泽,呈水渍状白色烟斑。防治措施:施用充分腐熟农家肥,煤火加温烟道要畅通,不采用明火加温,注意通风换气。发现亚硫酸气体中毒现象,用石灰水、石灰硫磺合剂喷洒受害植株,有一定效果。

21. 黄瓜栽培怎样预防塑料薄膜挥发气体中毒?

农用薄膜主要有聚乙烯和聚氯乙烯两种,主要化学成分对蔬菜本无毒。但如果使用的增塑剂或稳定剂不当,则会产生有害气体,如使用磷苯二甲酸二异丁酯作增塑剂时,在气温10℃以上条件下挥发出的气体足以使温室蔬菜受害,温度越高挥发的有害气体越多,危害越重。气体从叶片气孔进入后,叶缘与叶尖最先表现症状,幼嫩的心叶最先受害,叶片褪绿、变黄、变白,严重时叶片干枯直至全株死亡。防治措施:及时把有毒塑料薄膜换下来,不能及时撤换时应加强通风。

22. 为什么黄瓜与番茄不能同棚栽培?

一是每种作物在生长发育的过程中,植株和根系都

会产生一些分泌物，而黄瓜与番茄的分泌物具有互相抑制生长发育的作用。如果二者同棚栽培，其生长发育均会受到严重的抑制，从而使两种作物的产量、品质及栽培效益降低。二是黄瓜和番茄都极易发生蚜虫，一种作物一旦遭受蚜虫危害，另一作物便会很快被传染，从而造成更加严重的危害。三是黄瓜和番茄生长发育所需的温度条件不同，二者同棚栽培，温度管理上因不能互相兼顾而顾此失彼，从而使二者的产量、品质和经济效益均降低。

23. 黄瓜植株急速萎蔫的原因及预防措施是什么？

(1)发生原因　①根量少，吸水不足。自根苗在定植后，如果肥水使用过多(特别是速效氮肥)，会使根量发生得少且根系分布浅。这种情况在植株小、通风量小时尚看不出毛病；当植株高大、气温高、通风量大时，由于地下根量少，地上部蒸发掉的水分不能及时得到补充，地上茎叶在中午前后会突然出现凋萎死亡。②黄瓜嫁接质量差或亲和力不好时，可能用于输送水分的导管不能完全连通。这一情况在植株小、通风量小时尚看不出问题；当植株高大、通风量大时，地下根系虽然可以吸收到足够量的水分，但由于输水过程中间阻塞，而使地上茎叶蒸腾掉的水分不能及时得到补充，在中午前后会出现萎蔫死亡。③基肥施用过量未腐熟有机肥，特别是生鸡粪、生猪粪，或施用的化肥未与土壤充分混匀，导致烧根，植株萎蔫致死。④低温连阴雾天或雪天骤晴，揭开草苫之后植株突然死亡是由于地温和气温不协调而造成植株急速萎蔫。露地栽培在炎热的夏季，有时也会因为突然降雨而导致

植株出现急速萎蔫现象。

(2)预防措施　①选择接穗要完好，保证嫁接质量。②低温时期，在晴天湿度低、风大、蒸发量大时，要增加浇水量。③预防温室高温时期植株急速萎蔫，需要从培育壮苗和加强苗期管理上下功夫。

24. 黄瓜泡泡病的危害特点及防治方法是什么？

(1)危害特点　黄瓜泡泡病多发生在越冬茬及早春茬黄瓜上，主要危害叶片。发病初期，叶片正面出现淡绿色小鼓泡，随后鼓泡数量逐渐增加，颜色逐渐变为淡黄色、灰白色或黄褐色，叶片正面突起，背面凹陷，整张叶片表面凹凸不平，凸起部位不产生病原物。黄瓜泡泡病的发生主要与品种、环境条件等有关。越冬茬及早春茬黄瓜，定植后至生长前期，植株始终处于缓慢生长状态，多处于遇阴雨持续时间长、光照严重不足条件下，一直到翌年开春后气温突然上升、日照充足，浇水数量加大，容易诱发泡泡病。

(2)防治方法　选用耐低温、弱光品种，如冀杂1号、长春密刺、津优30号、新泰密刺、韩国绿箭黄瓜等。适当推迟播种时间，经常对棚室膜及玻璃进行清尘，加强增温保温措施，以防低温冻害；合理浇水，阴天低温不应减少浇水，晴天升温避免浇大水，避免浇水大起大落，浇水应选晴天上午进行；加强栽培管理，以提高植株抗逆性；定植时施足基肥，注重多种营养元素配合施用，根据气温变化，适时采取保温增温措施。

25. 黄瓜植株坐不住瓜是什么原因?

生产中经常出现黄瓜植株茎叶生长正常,但瓜纽却很少的现象,造成这种情况有以下几方面的原因:①品种不合适。品种的遗传特性决定着瓜码稀密,生产中应选用丰产品种,或在秧苗2叶1心时喷施乙烯利处理。②品种与栽培茬口不合适。有些越冬品种用于冬春茬种植时,温度高、肥水施用不当瓜秧易徒长,就坐不住瓜。③育苗环境条件不适。黄瓜属于短日照作物,温度低、日照短、光照弱有利于雌花的分化;遇到特好天气的暖冬,若管理不当,形成"温度高、日照长、光照强"的条件,则不利于雌花发生。

26. 黄瓜化瓜的原因及预防措施是什么?

黄瓜化瓜是光合产物不足引起的,结瓜期遇到连续阴天,光照不足,光合效率低,光合产物少,地上部要保证营养器官的养分,雌花和幼瓜因得到养分极少,甚至得不到养分而黄化脱落称为化瓜。出现化瓜现象时,叶色变淡,叶片变薄,可采取叶面喷施1%葡萄糖溶液进行补救。预防措施:加强养分供应,控制水分,增加光照,适当降低夜温,加大昼夜温差,可有效控制化瓜现象发生。此外,生殖生长过旺,瓜码太密,坐瓜太多,果实间争夺养分也会造成化瓜,此种情况应及时疏瓜。

27. 黄瓜尖头瓜的形成原因及预防措施是什么?

尖头瓜表现为近肩部瓜把粗大,前端细,似胡萝卜

状。一般单性结实(不经受精就结瓜)能力弱的品种,在不受精的情况下易结出尖嘴瓜。瓜条发育前期温度过高,或已经伤根,或肥水不足易发生尖嘴瓜。土壤积盐严重、植株衰老、过多打叶,或病虫危害严重易发生尖嘴瓜。防止措施:①选用单性结果强的品种。②注意土壤耕作,保持植株生长势,提高叶片的同化功能。③加强肥水管理,保持适宜养分,防止植株老化。

28. 黄瓜短形瓜的形成原因及预防措施是什么?

果实粗短,所以有人称它为南瓜形黄瓜。定植时土壤干燥,定植覆土后大量浇水,根不能下扎,在土壤表层横向生长,不利于充分吸收养分和水分,植株生长势不旺盛,果实粗短如南瓜状。另外,低节位留瓜也易形成短形瓜。预防措施:植株生长到一定高度时再留瓜;定植时浇足底水,促进根系下扎,充分吸收水分和养分,使植株生长健壮。

29. 黄瓜蜂腰瓜的形成原因及预防措施是什么?

黄瓜果实的一处或多处出现像蜜蜂细腰似的症状,将果实剖开,内部有开裂形成的空洞,或不开裂而产生褐变的小龟裂。发病轻的外表症状不明显,发病重的从外表就能看出蜂腰形。高温干燥、低温多湿、多氮肥及钾肥、缺钙等均会助长此病的发生,但主要原因是硼吸收受到抑制,因缺硼而产生龟裂。这是因为硼素不足会使核酸代谢反常,引起细胞分裂异常,在子房发育过程中发生蜂腰现象。生产中应增施硼肥和厩肥,注意各营养元素

间的平衡供应。

30. 黄瓜粉白瓜的形成原因及预防措施是什么?

黄瓜果实表面出现白粉状的东西，白粉在水中不脱落、揉擦可消失。此病在生长发育旺盛时期不会发生，进入生长发育末期，植株生长势变弱，生理功能下降，加上高温干燥的影响，易发病。粉白瓜的果实往往膨大不良。生产中在结果多的情况下，应注意不要让植株生长势变弱；定植前精细整地，使根扎得深、发育好，保证植株活力强，以避免形成粉白瓜。

31. 黄瓜畸形瓜的形成原因及预防措施是什么?

黄瓜畸形瓜的形成有两种原因：一是机械畸形。由于支架、绑蔓等操作，使正在伸长的瓜条，受阻于叶柄、茎蔓或架杆上，不能下垂而造成弯曲。这种现象在绑蔓、缠蔓时稍加注意即能克服。二是生理畸形。阴天后骤晴或温度过高引起水分和养分不足，授粉受精不良，易形成弯曲瓜、尖嘴瓜、大肚瓜。生产中应加强肥水管理，采取人工授粉受精等措施。

32. 黄瓜苦味瓜的形成原因及预防措施是什么?

黄瓜苦味瓜多出现在越冬茬栽培中，主要是由于氮肥施用过量，磷、钾肥施用不足造成，冬季及早春大棚温度低也易形成苦味瓜。此外，苦味瓜的形成还受品种遗传因子控制。预防措施：栽培中加大磷、钾肥的施用量，减少氮肥施用量，早春加强大棚温度管理，选用无苦味黄

瓜品种，可避免苦味瓜形成。

33. 黄瓜“花打顶”发生的原因及防治方法是什么？

黄瓜花打顶表现为植株生长点附近的节间极度短缩，瓜秧生长停滞，龙头紧聚雌花和雄花间杂的花簇，靠近生长点小叶片密集，各叶腋出现小瓜纽，大量雌花开放，造成封顶，俗称黄瓜“花打顶”。黄瓜花打顶现象既可出现在苗期又可出现在其他生育期。

（1）发生原因　不良的环境条件或管理措施不当是形成花打顶的主要原因，如温度偏低、光照较弱且持续时间较长，造成花芽过度分化；过量施肥、浇水不足或蹲苗过度、伤根过多等，造成植株根系吸水困难，体内水分供应不足，使秧苗生长发育受阻，植株矮小；保护地栽培，二氧化碳浓度过高，也可造成花打顶现象。

（2）防治方法　采用测土配方施肥，施用充分腐熟的有机肥，追肥应少量多次；加强田间管理，可通过张挂反光幕、增加草苫厚度、临时生火等方法来增温保温，或通过覆盖遮阳网降温，以保证幼苗生长所需温度；及时补充水分，避免苗期处于生理干旱状态。一旦出现了花打顶现象，一般应将植株上的大小瓜全部摘除，生长健壮的植株也可保留1～2个瓜，以促进根系发育和植株复壮。同时，喷施天然芸薹素、赤霉素、细胞分裂素等植物生长调节剂，每7～10天喷1次，连喷2～4次，直至瓜秧恢复正常生长。

34. 黄瓜低温障碍有哪些？其防治措施是什么？

黄瓜低温障碍主要有寒害和冻害，一般温度在0℃～

5℃常遭受寒害，在0℃～2℃及以下常遭受冻害，寒害和冻害都会给黄瓜生产带来巨大损失。

（1）冻害　冻害往往是突发性的，短时间0℃以下低温，就会使黄瓜植株受冻。叶片和茎受冻后初期表现水渍状，轻者生长点能恢复，但生长缓慢，生育延迟，严重时全株茎叶迅速干枯死亡。温室育苗时，若突然打开通风口，使叶片受冻变白（即闪苗），也是冻害的表现。

（2）寒害　短期气温过低，叶片向下卷成瓢形或匙形；长期气温过低会发生寒害，叶片出现褪绿白斑，呈现缓慢花打顶现象，导致花芽和瓜条畸形。低温持续时间长时，黄瓜不发生新根，水分和养分不能吸收和向茎叶输送，老根迅速衰老发黄发锈，甚至死亡（即寒根），地上部子叶或真叶逐渐干枯，最终导致死苗。受寒害后即使地温回升，植株可缓慢恢复生长，但生长速度远不如未受低温影响的植株。久阴乍晴棚室内温度迅速回升时，因低温时植株已发生寒根，水分和养分不能及时向上输送，而使地上部植株萎蔫死亡也是寒害现象。

（3）防治措施　①选用耐寒品种，适期播种。②培育壮苗或采用嫁接育苗，加强种苗期低温锻炼，增强植株抗寒能力。③加强棚室管理。采取提早扣棚烤地、多层覆盖、临时加温、喷抗寒剂等增温保温防寒防冻措施。④及时采取补救措施。凌晨发现叶片受冻害，但植株顶部未受冻害，不要突然升温，可在太阳出来前开棚通风，但不要揭苫，也不要掀开小拱棚膜，使棚内温度在日出后缓慢回升，并喷洒0.3%葡萄糖＋0.2%丙三醇混合液，以减缓

水分散失，从而减轻受害程度。缓苗活棵后，适量追肥浇水促发棵。

35. 黄瓜高温危害的防治措施是什么？

白天高温会使黄瓜光合作用受到抑制，同时也增加植株体的呼吸消耗，使净光合速率降低。夜间高温会引起植株徒长，同时也将增加黄瓜的呼吸消耗。黄瓜苗期高温影响花芽分化，雌花相对减少；高温加强光，可灼伤叶片，轻者叶缘被灼伤，重者半个叶片甚至整片叶被灼伤，受伤部位随之干枯。高温危害致使坐瓜减少，畸形瓜增多。

防止措施：夏季棚室内注意通风，叶面湿度不要过高；露地栽培时，高温条件下注意浇水，保持较高的土壤水分，以避免或减轻高温危害。

36. 黄瓜叶焦边的原因及防治措施是什么？

黄瓜叶焦边整株叶片均可发生，但以中部叶片最重。发病叶片，多为大部分边缘或整个叶的边缘发生干枯，一般干枯 2～3 毫米宽一圈。发生原因主要是土壤盐分浓度过高，造成盐害；在高温高湿情况下，突然大风，叶片失水过急所致；喷农药时，浓度偏大、药液过多，药滴留于叶缘造成药害。受到化学药剂伤害的叶片边缘一般呈污绿色，干枯后变褐色。防治措施：采用测土配方施肥，适当减少化肥施用量，多施有机肥，以降低土壤溶液浓度；加强管理，适当通风；用药浓度不能随意加大，药液用量以叶面湿润而药液不滴淌为宜。

37. 黄瓜肥害的发生原因及预防措施是什么?

黄瓜肥害在露地、保护地种植过程中均有发生。施有机肥特别是鸡粪及磷、钾复合肥过多,容易诱发肥害。苗床或定植沟土壤含肥浓度过高,易造成苗床幼苗心叶黄化,或定植后叶色浓绿、叶片加厚、不发棵,还可诱发缺素症,如缺铁、缺硼等。另外,有机肥不腐熟或沟施磷、钾肥过多,还会造成烧根死苗。黄瓜喜肥不耐肥,生产中要施用腐熟的有机肥,鸡粪用量不要太多,沟施粪肥和磷、钾复合肥要用四齿耙搂两遍与土壤混匀。

38. 蛴螬的危害特点及防治方法是什么?

(1)危害特点　蛴螬幼虫和成虫在土中越冬,成虫即金龟子,白天藏在土中,晚上 8～9 时进行取食等活动。蛴螬有假死性和负趋光性,并对未腐熟的粪肥有趋性。幼虫蛴螬始终在地下活动,当 10 厘米地温达 5℃时开始上升于土表,13℃～18℃时活动最盛,23℃以上则往深土层移动,因此蛴螬在春、秋两季危害最重。土壤潮湿,尤其是连续阴雨天气活动加强。

(2)防治方法　蛴螬种类多,在同一地区同一地块,常为几种蛴螬混合发生,世代重叠,发生和危害期不一致。因此,应加强预测预报,在普遍掌握虫情的基础上,根据蛴螬成虫种类、密度、作物播种方式等,因地因时采取相应的综合防治措施,才能收到良好的防治效果。

①农业防治　施用腐熟有机肥料,精耕细作,及时镇压土壤,清除田间杂草。发生严重的地区,秋冬季进行翻

地，把越冬幼虫翻到地表使其风干、冻死、被天敌捕食或机械杀伤。

②药剂处理土壤　每 667 米^2 用 50%辛硫磷乳油 200～250 克，加水 10 倍喷于 25～30 千克细土上拌匀制成毒土，顺垄条施，随即浅锄，或将毒土撒于种沟或地面，随即耕翻或混入厩肥中施用。也可每 667 米^2 用 5%辛硫磷颗粒剂 2.5～3 千克处理土壤。

③药剂拌种　用 50%辛硫磷乳油与水、种子按 1∶30∶400～500 的比例拌种。

④毒饵诱杀　每 667 米^2 用 25%辛硫磷胶囊剂 150～200 克拌谷子等饵料 5 千克，或 50%辛硫磷乳油 50～100 克拌饵料 3～4 千克，撒于种沟中诱杀。

39. 蝼蛄的危害特点及防治方法是什么？

(1)危害特点　蝼蛄喜食刚发芽的种子和幼苗根部，不但将地下嫩苗根茎取食成丝丝缕缕状，还在苗床土表下开掘隧道，使幼苗根部脱离土壤，失水枯死。

(2)防治方法　①蝼蛄趋光性较强，羽化期间，可用灯光诱杀，晴朗无风的闷热天气诱集量尤多。②红脚隼、戴胜、喜鹊、黑枕黄鹂和红尾伯劳等食虫鸟类是蝼蛄的天敌。可在苗圃周围栽植杨树、刺槐等防风林，招引益鸟栖息繁殖，以利消灭害虫。③可用 40%乐果乳油或 90%敌百虫原药 0.5 千克加水 5 升，拌煮至半熟或炒香的饵料(麦麸、谷糠、稗子等)50 千克制成毒饵，于傍晚均匀撒在苗床上。注意防止家畜、家禽误食中毒。

40. 小地老虎的危害特点及防治方法是什么?

(1)危害特点　小地老虎主要咬食黄瓜幼苗,或把叶片咬成洞状,或把嫩茎叶咬断。夜间危害较轻。

(2)防治方法

①农业防治　一是除草灭虫。杂草是地老虎产卵的场所,也是幼虫向作物转移危害的桥梁。因此,春耕前进行精耕细作,或在初龄幼虫期铲除杂草,可消灭部分虫卵。二是诱杀成虫。结合黏虫用糖、醋、酒诱杀液或甘薯、胡萝卜等发酵液诱杀成虫。三是用泡桐叶或莴苣叶诱捕幼虫,于每日清晨到田间捕捉;对高龄幼虫也可于清晨到田间检查,如果发现有断苗,即拨开附近的土块进行捕杀。

②化学防治　对不同龄期的幼虫,应采用不同的施药方法。幼虫三龄前用喷雾、喷粉或撒毒土进行防治;三龄后,田间出现断苗,可用毒饵或毒草诱杀。一是喷雾。可选用50%辛硫磷乳油1 500倍液,或2.5%溴氰菊酯乳油800倍液,或40%氯氰菊酯乳油1 000倍液。二是毒土或毒沙。可选用2.5%溴氰菊酯乳油90～100毫升或50%辛硫磷乳油500毫升加水适量,喷拌细土50千克制成毒土,每公顷用毒土300～375千克顺垄撒施于幼苗根际附近。三是毒饵或毒草。虫龄较大采用毒饵诱杀,可选用90%晶体敌百虫0.5千克或50%辛硫磷乳油500毫升,加水2.5～5升,喷在50千克碾碎炒香的棉籽饼、豆饼或麦麸上,于傍晚在田间每隔一定距离撒1小堆,或在根际附近围施,每公顷用毒饵75千克。毒草诱杀,可用

90%晶体敌百虫 0.5 千克，拌碎鲜草 75～100 千克，每公顷撒毒草 225～300 千克。

41. 温室白粉虱的危害特点及防治方法是什么？

(1)危害特点　温室白粉虱成虫体长 1.4～4.9 毫米，淡黄白色或白色，全身被有白色蜡粉。成虫和若虫吸食植物汁液，被害叶片褪绿、变黄、萎蔫，甚至全株枯死。此外，由于白粉虱繁殖速度快，种群数量庞大，常群聚危害，并分泌大量蜜液，严重污染叶片和果实，往往引起煤污病的大发生，使黄瓜失去商品价值。

(2)防治方法

①黄板诱杀　黄色对白粉虱成虫具有强烈的诱集作用，在棚室内设置长条形黄板(表面涂一层黏油)，诱集、黏杀成虫效果显著，一般每 667 米^2 设置 30～35 块黄板为宜。

②释放丽蚜小蜂　白粉虱发生较轻时，可以在棚室内按每株 15～20 头的量释放丽蚜小蜂，15 天释放 1 次，连放 3 次，进行生物防治。

③药剂防治　白粉虱发生较重时，可在傍晚闭棚后，每 667 米^2 用 10%灭蚜烟剂 0.5 千克或 22%敌敌畏烟剂 0.3 千克密闭熏杀。也可在早晨或傍晚喷施 10%吡虫啉可湿性粉剂 4 000～5 000 倍液，或 3%啶虫脒乳油 3 000～4 000 倍液防治。

42. 瓜蚜的危害特点及防治方法是什么？

(1)危害特点　蚜虫分有翅和无翅两种类型，以成蚜

或若蚜群集于植物叶背面、嫩茎、生长点和花上，用针状刺吸口器吸食植株的汁液，使细胞受到破坏，生长失去平衡，叶片向背面卷曲皱缩，心叶生长受阻，严重时植株停止生长，甚至全株萎蔫枯死。蚜虫危害时排出大量水分和蜜露，滴落在下部叶片上形成一层霉污斑，引起霉菌病发生，使叶片生理功能受到障碍，减少干物质的积累，不但降低产量而且影响品质。蚜虫还传播许多种植物病毒病，造成更大的危害。

(2)*防治方法*　①选用10%吡虫啉可湿性粉剂1 500倍液，或50%抗蚜威可湿性粉剂1 000倍液喷雾防治。②在棚室内可引入丽蚜小蜂。③成虫对黄色有较强的趋性，可用黄色板诱杀成虫。

43. 美洲斑潜蝇的危害特点及防治方法是什么？

(1)*危害特点*　美洲斑潜蝇以幼虫取食叶片正面叶肉，形成先细后宽的蛇形弯曲或蛇形盘绕虫道，其内有交替排列整齐的黑色虫粪，老虫道后期呈棕色的干斑块区，一般1虫1道，1头老熟幼虫1天可潜食约3厘米。南美斑潜蝇幼虫主要取食背面叶肉，多从主脉基部开始危害，形成弯曲、较宽(1.5～2毫米)的虫道，虫道沿叶脉伸展，但不受叶脉限制，若干虫道连成一片形成取食斑，后期变枯黄。两种斑潜蝇成虫危害基本相似，均在叶片正面取食和产卵，刺伤叶片细胞，形成针尖大小的近圆形刺伤孔，造成危害。孔初期呈浅绿色，后变白色，肉眼可见。幼虫和成虫危害均可导致幼苗全株死亡，造成缺苗断垄；成株受害，可加速叶片脱落，引起果实日灼，造成减产。

(2)防治方法

①农业防治　与不受危害的作物进行轮作；适当疏植，增加田间通透性；在害虫发生高峰时，摘除带虫叶片销毁；黄瓜拉秧后，及时将枯枝干叶及杂草深埋或焚烧；将有蛹表层土壤深翻到 20 厘米以下，以降低蛹的羽化率。

②药剂防治　掌握在幼虫二龄前(虫道很小时)用药喷洒，可选用 98%杀螟丹可溶性粉剂 1 500～2 000 倍液，或 1.8%阿维菌素乳油 3 000～4 000 倍液，或 25%杀虫双水剂 500 倍液，或 90%杀虫单可溶性粉剂 800 倍液，或 5%氟啶脲乳油 2 000 倍液。

44. 朱砂叶螨的危害特点及防治方法是什么?

(1)危害特点　在北方地区，多在早春危害棚室或露地刚出土的幼苗。成虫和若虫锉吸嫩梢、嫩叶、花和幼瓜的汁液。被害嫩叶、嫩梢变硬缩小，茸毛呈灰褐色或黑褐色，植株生长缓慢，节间缩短。幼瓜受害后亦硬化，茸毛变黑，造成落瓜。黄瓜朱砂叶螨成虫体长约 1 毫米，金黄色，每年发生多代，世代重叠。

(2)防治方法　掌握以农艺防治为主、药剂防治为辅的原则。适时栽植，避开黄瓜朱砂叶螨危害高峰期；瓜苗出土后，覆盖地膜，减少虫量，清除菜田附近野生茄科植物也能减少虫源。药剂防治可用 20%氟胺氰戊菊酯乳油 1 500～2 500 倍液，或 20%甲氰菊酯乳油 2 000 倍液，或 10%乙氰菊酯乳油 2 000 倍液，或 10%联苯菊酯乳油 1 500 倍液喷雾。

45. 茶黄螨的危害特点及防治方法是什么?

(1)危害特点　茶黄螨主要危害茄果类、瓜类、豆类等蔬菜。以成螨、幼螨在寄主幼芽、嫩叶、花蕾及幼果上刺吸汁液,被害叶片增厚僵直、变小变窄,叶背面呈黄褐色至灰褐色油渍状,叶缘向下卷曲。幼芽、幼蕾枯死或脱落,花蕾不能开花或成畸形花。幼茎变褐丛生或秃尖。果实表面变褐色、粗糙、无光泽、肉质变硬。植株矮缩,节间缩短,造成落花落果。以成螨在土缝、蔬菜及杂草根际越冬,靠爬行、风力及人、工具和菜苗传播扩散蔓延。3~10 月份繁殖危害,6 月份至 10 月上旬大量发生,10 月份以后显著下降,5 月底至 7 月份危害严重。成蛹较活跃,有由雄成螨携带雌若螨向植株幼嫩部位迁徙的趋嫩习性,一般多在嫩叶背面吸食。卵多产于嫩叶背面、果实凹陷处及嫩芽上。茶黄螨繁殖速度快,喜温暖潮湿环境。

(2)防治方法

①农业防治　消灭越冬虫源,搞好冬季育苗和生产棚室卫生,清除枯枝落叶,铲除棚室周围杂草,集中烧毁或深埋,培育无虫幼苗。

②药剂防治　经常检查虫情,及早防治,防止蔓延。喷药的重点是植株上部嫩叶背面和嫩茎。可选用 2.5%联苯菊酯乳油 3 000 倍液,或 20%甲氰菊酯乳油 2 000 倍液,或 78%炔螨特乳油 2 000 倍液,或 1.8%阿维菌素乳油 2 000 倍液喷施。

46. 瓜实蝇的危害特点及防治方法是什么?

(1)危害特点　瓜实蝇为双翅目实蝇科,别名针蜂、

瓜蛆等。瓜实蝇成虫体形似蜂，黄褐色，老熟幼虫乳白色、蛆状。成虫以产卵管刺入幼瓜表皮内产卵，幼虫孵化后在瓜内蛀食。被害瓜先局部变黄，而后全瓜腐烂变臭，大量落瓜；被害瓜即使不腐烂，刺伤处也凝结流胶，畸形下陷，瓜皮变硬，瓜味苦涩，品质下降。瓜实蝇 1 年发生 5～8 代，世代重叠，以老熟幼虫、蛹入土越冬，越冬成虫翌年 4 月份开始活动产卵。成虫白天活动，飞翔敏捷，但夏天中午高温烈日时常静伏于瓜棚或叶背等阴凉处，傍晚以后停息叶背，不活动。成虫产卵前，需要补充营养，对糖、酒、醋及芳香物质有趋性。雌虫产卵于嫩瓜内。初孵幼虫在瓜内蛀食，将瓜蛀食成蜂窝状，以至瓜条腐烂、脱落。老熟幼虫在瓜落前或瓜落后钻出烂瓜，弹跳入土，在表土层化蛹。

(2)**防治方法**　因为瓜实蝇飞翔能力强，一旦遇到惊扰便逃走，药剂喷完后又飞回来危害。因此，瓜实蝇药剂防治的药效期短，必须要采取综合防治措施。

①农业防治　及时清除瓜田空地、周围田埂、水沟上的杂草，清除黄瓜 1 米以下的侧枝及基部的黄叶、老叶，改善通风透光条件，减少成虫隐蔽环境；及时摘除被害瓜，收捡成熟的落地瓜，集中深埋、焚烧或用药液浸泡，防止幼虫入土化蛹。如瓜已腐烂脱落，应在烂瓜附近的土面喷洒杀虫剂，防止蛹羽化。成熟瓜及时采摘可减少蛀果虫的危害，同时还可防止过熟果实里的老熟幼虫弹出后入地化蛹。果实套袋也是防止果实免受瓜实蝇危害的一种最有效、最环保的保护措施。

②生物防治　在成虫发生期，应用瓜实蝇性诱剂对成虫进行诱杀，降低虫口基数。方法是每个诱捕器内装1根诱芯，下接可乐瓶内装1/4洗衣粉水，悬挂于瓜棚下1.5米处，诱芯内诱液释放完进行更换，每667米^{2}悬挂3个即可有效控制危害。

③物理防治　利用瓜实蝇的趋光性，使用杀虫灯诱杀。田间设置振频式杀虫灯，瓜田周边每667米^{2}设置1～2盏普通灯或黑光灯，灯下放一盆水，水中滴入少量煤油诱杀成虫，以降低虫口基数。也可用黄板诱杀，每667米^{2}设置约40个点。

④毒饵诱杀　利用瓜实蝇对糖、酒、醋及芳香物的强烈趋性，用糖3份、醋4份、酒1份和水2份配成糖醋液，并在糖醋液内按5%加入90%晶体敌百虫进行诱杀。成虫有喜食甜质花蜜的习性，用香蕉皮或菠萝皮（也可用南瓜、红薯煮熟经发酵）40份、90%晶体敌百虫（或其他农药）0.5份、香精1份，加水调成糊状毒饵，直接涂在瓜棚篱竹上或装入容器挂于棚下，每667米^{2}设20个点，每点放25克，诱杀成虫。

⑤药剂防治　在成虫发生较多时可以在上午10时前后或下午4时前后喷施杀虫药，也可用果瑞特果实蝇引诱剂喷雾防治（具体使用方法详见说明书）。药剂可选用4.5%高效氯氰菊酯乳油1 500～2 000倍液，或25%氰戊菊酯乳油2 000～3 000倍液，或40%毒死蜱乳油2 000～2 500倍液。也可用50%敌敌畏乳油10～15毫升加甲基丁香油1毫升对水15升，诱杀瓜实蝇雄虫，以减少

繁殖后代的机会。

(二)疑难问题

1. 黄瓜病虫害无公害防治原则是什么?

加强种苗检疫,搞好病虫害预测预报,及时准确地掌握病虫害发生的种类、发生量、发生区域及发生进度;坚持预防为主综合防治和治早、治小、治了的原则;坚持以农业措施防治为主、药剂防治为辅,能用生物农药的不用化学农药,能用低浓度农药的不用高浓度农药;正确识别病虫害种类,适期对症下药,循环交替用药,防止产生抗性;严格执行安全间隔期。

2. 黄瓜缺素症的诊断与防治对策是什么?

黄瓜缺素症状主要表现在叶片上,多数情况是由于地温低、土壤干旱或渍水(缺氧)、土壤多氮或多钾、土壤酸性过重(导致缺钙)或土壤过碱(导致缺锌)等因素影响根系对矿质元素的正常吸收所致。

(1)缺氮症　黄瓜缺氮表现为叶片小,上位叶更小;从下部叶片开始发生叶脉间黄化,逐渐扩展到全叶黄化,进一步发展植株中上部叶也逐渐黄化;坐瓜少,瓜条膨大慢。缺氮主要是前茬作物施有机肥少,土壤含氮量低或降雨多氮被淋失。沙土、沙壤土、阴离子交换少的土壤易缺氮,收获量大、从土壤中吸收的氮肥多,且追肥不及时易出现氮素缺乏症。防治对策:采用配方施肥技术进行

科学施肥，基肥多施腐熟有机肥，以增加土壤的保肥能力，防止氮素缺乏；低温条件下可施用硝态氮肥。发生缺氮症状时，可埋施腐熟人粪肥。也可把碳酸氢铵、尿素混入 10～15 倍的有机肥料中，施在植株两旁后覆土并浇水。此外，也可叶面喷洒 0.2%尿素溶液。

(2)缺磷症　黄瓜缺磷多发生在低温期，表现为叶色暗绿、小而硬化，整株矮小发僵，老叶出现红褐色焦枯；初期叶片小、硬化向上挺，叶色浓绿；定植后即停止生长，果实成熟晚，下位叶枯死或脱落。发生缺磷的原因主要是有机肥施用量少，地温低也常影响黄瓜对磷的吸收。此外，利用大田土育苗，施用磷肥不够或未施磷肥，也易出现磷素缺乏症。防治对策：基肥施用足够的堆肥等有机质肥料。黄瓜对磷肥敏感，土壤中含磷量应在 30 毫克/100 克以上，低于这个指标时，应在土壤中增施过磷酸钙，尤其苗期特别需要磷，每千克培养土要施用五氧化二磷 1 000～1 500 毫克，土壤中速效磷含量应达到 40 毫克/千克。发现缺磷时可叶面喷洒 0.2%～0.3%磷酸二氢钾溶液 2～3 次进行补救。

(3)缺钾症　黄瓜缺钾表现为植株矮化，节间短，叶片小、呈青铜色，叶缘首先黄化然后是叶脉间，顺序明显。后期叶缘枯死，叶片向外侧卷曲，主脉下陷，最终失绿，叶片枯死。黄瓜缺钾症状从基部向顶部发展，老叶受害重。发生原因：一是土壤缺钾。二是有机肥和钾肥施入量少，氮肥施用过多。三是地温低、日照不足、土壤湿度大，影响根系对钾的吸收。防治对策：增施有机肥和钾肥，可结

合浇水每667米^{2}冲施硫酸钾10～15千克，或叶面喷施0.4%磷酸二氢钾溶液或0.3%硫酸钾溶液，每5～7天1次，连续喷施3～4次。

(4)缺钙症　黄瓜缺钙表现为上位叶稍小，并向内侧或外侧卷曲，叶脉间黄化。幼叶长不大，生长点附近的新叶叶尖黄化，进而叶缘黄化并向上卷曲呈“匙形”，从叶缘向内枯萎。长时间持续低温、日照不足、骤晴、高温等不良生长条件下，叶片的中央部分凸起，边缘翻转向后，呈降落伞状，称为“降落伞叶”。发生原因：一是土壤中钙的绝对含量不够。二是土壤酸化。三是土壤中氮、钾、镁含量过多，影响钙的吸收。四是土壤干燥，土壤溶液浓度大，阻碍了对钙的吸收。五是空气湿度小，蒸发快，补水不足。防治对策：进行土壤诊断检测钙的含量，钙含量不足时可深施石灰肥料，使其分布在根层内以利吸收。同时，避免一次施用大量钾肥和氮肥，多施腐熟有机肥，改善土壤结构，使钙处于易被吸收的状态。选择合适的时机进行灌溉，保证水分充足。应急对策是用0.3%氯化钙溶液喷洒叶面，每周2次。

(5)缺锌症　黄瓜缺锌表现为叶片较小，扭曲或皱缩，从中位叶开始褪色，叶脉两侧由绿色变为淡黄色或黄白色，叶脉比正常叶清晰。叶片边缘黄化、翻卷、干枯，生长点附近的节间缩短，芽呈丛生状，生长受抑制，但新叶不黄化。发生原因是土壤缺锌，或土壤磷素过多，或土壤pH值高，或是光照过强，土壤中的锌呈不溶解状态，根系不能吸收利用。防治对策：避免土壤呈碱性，施用石灰改

良土壤时注意不要过量。如发现黄瓜表现缺锌症状，可用0.1%～0.2%硫酸锌或氯化锌溶液叶面喷施。定植前每667米^{2}施硫酸锌1～1.5千克。

(6)缺镁症　黄瓜缺镁表现为中下部叶片叶脉间黄化，从叶内侧开始失绿，叶脉和叶缘有残留绿色，并在叶片边缘部位形成断断续续的绿环，后期叶片除叶脉、叶缘残留绿色外，其他部位全部黄白化，严重时叶片自下而上逐渐枯死。发生原因是土壤中缺镁，或是土壤黏重或排水不良造成镁吸收困难。防治对策：土壤缺镁可基肥施入镁石灰、水镁矾。出现缺镁症状时，可结合浇水每667米^{2}冲施硫酸镁2.2～3千克，或叶面喷施0.4%硫酸镁或0.4%氯化镁溶液，每5～7天1次，连续喷施2～3次。发生积水时要及时排涝。

(7)缺铁症　黄瓜缺铁植株新叶、腋芽开始变黄白色，尤其是上位叶及生长点附近的叶片和新叶叶脉黄化，逐渐失绿，但叶脉间不出现坏死斑，新生黄瓜皮色发黄。发生原因是土壤偏碱，或是因其他营养元素投入过量引起的铁吸收障碍，如施硼、磷、钙、氮过多，或钾不足，均易引起缺铁。土壤干燥或过湿，根的吸收功能下降，也会使铁的吸收受阻。防治对策：不施用大量的石灰性肥料，防止土壤呈碱性；注意水分管理，防止土壤过干或过湿；缺铁土壤每公顷施硫酸亚铁（黑矾）30～45千克作基肥；叶面喷施硫酸亚铁或氯化亚铁500倍液补救，每5天喷1次，可使叶面复绿。

(8)缺硼症　黄瓜缺硼生长点附近的节间明显短缩，

上位叶外卷，叶缘呈褐色，叶脉有萎缩现象，果实表皮出现木质化或有污点，叶脉间不黄化。酸性沙壤土一次施用过量石灰肥料易发生缺硼，土壤干燥时影响植株对硼的吸收，土壤施用有机肥数量少、土壤 pH 值高、钾肥施用过多等均影响对硼的吸收和利用，而出现硼素缺乏症。防治对策：缺硼土壤施用硼肥，并防止土壤干燥，不可过多施用石灰性肥料，多施堆肥，提高土壤肥力；田间发现缺硼症状可用 0.12%～0.25% 硼砂或硼酸溶液喷洒叶面。

3. 保护地土壤次生盐渍化的危害特点及防治措施是什么？

（1）*危害特点*　保护地连年大量施入化肥，而且棚内高温促进地表水分大量蒸发，造成土壤矿质营养随毛细管水分上升积累于土壤表层，由于棚膜周年覆盖，室内土壤不受雨水冲淋，常表现为土壤次生盐渍化。土壤次生盐渍化影响根系生长和对水分养分的吸收，植株矮小不发棵，根系不下扎而聚集在主根周围，叶片小、叶色暗绿无光泽，开花结瓜少、瓜小、畸形瓜多，产量明显下降，严重时瓜秧萎蔫。土壤盐渍化后，若撤棚改为露地种植，其盐渍障碍会更加明显。土壤盐渍化，还会因为元素的拮抗作用诱发缺素症。

（2）*防治措施*　增施有机肥，适量施用化肥，深耕土壤，提高土壤缓冲能力；大量灌水压盐或在夏季休闲期撤膜雨水冲淋压盐；嫁接栽培提高抗盐能力；棚室内覆盖地膜抑制地表水分蒸发，可起到一定的抑盐作用；轮作倒

茬，种植结球甘蓝、茄子、番茄、芹菜等耐盐能力较强的蔬菜。

4. 怎样通过田间观察判断黄瓜栽培管理措施是否得当?

黄瓜定植后，可通过观察茎、叶、卷须、花等器官长相来判断管理措施是否得当，以便及时采取相应的管理措施。

(1)看茎叶　瓜秧茎蔓粗及节间长短适度、均匀、刺硬，叶片较大、平展，叶色浓绿而有光泽，叶缘在早晨吐水多，是生长健壮的表现。茎蔓节间过长、过细、刺软，叶色较淡、叶片薄而过大，是植株长势过旺或徒长的表现，与浇水过多、偏施氮肥、温度过高、湿度过大等有关；茎节过短、过粗、叶片皱缩、叶面积小、色泽暗淡、叶缘在早晨无吐水现象等为植株生长势弱或老化的症状，可能与土壤缺水、施肥过多或不足、温度偏低等有关。

(2)看卷须　果实膨大期间，卷须伸展、挺拔，与茎呈45°左右的夹角，是植株生长发育正常的表现。卷须先端过早变黄或卷起，卷须细而短、呈弧状下垂，是植株老化或土壤缺水、温度过高或过低等的表现；若卷须较粗，与茎部夹角较小，说明植株生长过于旺盛，与浇水过多、偏施氮肥、温度偏高等有关。

(3)看花　雌花花冠鲜黄色，子房粗而长且顺直，正在开放的雌花距离生长点50厘米左右、中间有4～5片展开的叶片，是植株正常生长的表现。雌花花冠淡黄色，子房短小且细而弯曲，开花节位距离生长点过近等，是温度

低、光照弱、缺水缺肥等的表现。

(4)看瓜条　出现化瓜现象说明环境条件不适或栽培管理不当,造成植株内养分供应亏缺,难以为瓜条发育提供充足的养分。出现弯瓜、大肚瓜、尖嘴瓜、蜂腰瓜、脐形瓜等畸形瓜,与栽培管理措施不当有关。例如,绑架时架材或卷须缠绕等机械阻挡可造成弯瓜。弯瓜、大肚瓜、尖嘴瓜、蜂腰瓜等是植株生长势弱、栽培密度过大、通风透光不良、肥水供应不及时或不均匀、温度过高或过低等造成的;出现脐形瓜与喷洒乙烯利时间过早、浓度过高或次数过多,导致花芽发育异常出现两性花而造成的;蜂腰瓜与土壤中缺硼、缺钾有关。